文具手帖：

旅行中寄明信片给自己

◎ 潘幸仑 等 著

九州出版社
JIUZHOUPRESS

以新生代观点，重新诠释纸文具与消费者间的可能性
——专访"品墨设计"王庆富先生

文字·摄影 by Hally Chen

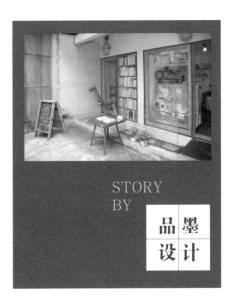

STORY BY

品墨设计

从 2009 年高雄成立"小花花手作杂货店"开始，品墨设计就一直是台湾新生代设计师中除了客户之外，进一步将创意应用在自我品牌开发的先锋。成立于 2002 年的品墨设计不但长期在纸类文具开发上琢磨甚深，同时还发行自己的刊物《有一间小房子的生活》，更于 2012 年及 2013 年先后在永康街成立了"品墨良行"两间实体店面。以及台湾第一个"纸的材料室"。积极以新生代的观点重新诠释纸文具与消费者之间的可能，同时与艺术家合作开发各类应用品。《文具手帖》希望通过与催生这一切、品墨的负责人王庆富先生的对谈，让文具爱好者们知悉一件商品出现在货架上，背后不为人知的初衷与甘苦。

文具手帖（以下简称文）：同时身为品墨设计以及品墨良行的负责人，在为客户和自己的品牌设计时，心态上有何不同？

王庆富（以下简称王）：有趣的是，这两件事越来越没有差别。刚开始两者当然不同，随着一路帮客户设计创意，同时为自己发想商品。无论在态度或观念上的重叠，理想和现实的考虑渐渐从两端往彼此靠拢，心态上处理客户和自己的商品已经相同。今天我帮客户设计一件商品，除了美学设计，也会评估他后期能否利用于宣传上、成本会不会过高、预算上是否花得得宜。我们同时花很多时间在了解客户的生产细节上，而不只是交出一件好看的设计稿。有时也会建议客户，与其花太多成本在不重要的地方，还不如多付一些设计费给我们（笑）。

品墨良行擅长运用各类特色纸材于纸品开发上。从美术特选纸的笔记本，到羊毛纸制成的"夏天记得去旅行"明信片，都很受消费者欢迎。

这本品墨良行为橡皮擦先生设计的笔记本，拥有多种不同纸材的内页，满足橡皮擦爱好者喜欢尝试不同材质的需求。

文：品墨是台湾少数年轻业者中，不断开发纸类文具产品的品牌。可否分享这几年的心得？

王：像我们最近正在做笔记本的特价活动，以品墨的产品材质和质量，显而易见我们是不敷成本。只是与其让它堆放在仓库，还不如被人使用。这几年开发设计纸品，我们发现大家都喜欢纸这项材质，客人在价格的接受度上存在两极。假设如果一支钢笔卖一千元，多数人觉得合理。但是一件纸品卖一千元，可能有人觉得太贵，也有人就是想要这样精致的商品。这些经验帮助我们日后在商品开发上更谨慎，用适切的成本创造实际的价值。虽然我们注重产品的细节，这件事不一定会被消费者察觉，但不代表细节就不重要。我们关注他们的意见，目前我们还有一间"纸的材料室"，就是以相同的理念，提供给消费者做自己想要的纸文具。

（右上）饼干小子铅笔盒，纸盒除了可以装饼干，一端的小孔内设计藏有削铅笔器，拥有装点心和铅笔盒两种功能。（左上）配合品墨良行今年举办"小恒星大宇宙"创作展限量发行的黑纸本，黑色内页可使用铅笔涂鸦。（下）"纸的材料室"位于品墨良行巷内店地下室，提供工具、器材和精选纸材供客人挑选，动手制作自己心中想要的纸品。

文： 可否简单介绍一下"纸的材料室"？

王： "纸的材料室"位于品墨良行的地下室，墙上有简单步骤提示。我们提供工具和器材，有骑马钉、鸡眼扣、穿线工具，和我们精选的纸材供客人挑选。你可以在这里运用这些工具，花一个下午享受设计制作自己的笔记本、明信片、卡片的乐趣。我们想要强调的是，鼓励客人听从自己的想象，找到你自己生活中使用的纸文具该有的长相，同时享受这些工具。有趣的是，我们在谈文具的同时，也是在使用文具。通过运用这些文具，创造自己独一无二的纸文具。这可能是我们和一般文具店不大相同的地方。

文： 品墨长期在纸品的研发下了不少工夫，有没有什么纸材曾让你们印象特别深刻？

王： 像是这类高厚环保纸我们就很常使用，是我们接触最久的一类纸。他的手感和色调刚好对应到我们的偏好，不是那么惨白或没有表情，虽然在设计上材料没有表情并不是坏事。它的温润质感，让我们特别有好感。我们常拿它作实验，从一开始自己发行的刊物，到后来"晒日子"的年历，都是利用它在阳光曝晒下会留下痕迹的特性。加上成册后裁切面摸起来有棉质的感觉，边缘锯过后的效果，也很符合我们想要的暖意，彩色印刷上表现出色。这支纸放越久越好看，有它自己的表情。最近我们正在用它实验其他新元素的产品，近期内会公开。

品墨良行街上店附有开放式厨房，提供美味手工饼干的制作及贩卖。

品墨良行街上店坐落于永康街上，是品墨在此区的第二个实体店，提供更多的生活良品。

文：品墨接下来有何新的计划？

王：小区性的文具店，并非贩卖什么名牌文具，而是像记忆中小时候小区常见的日常文具店。至于纸的开发我们虽然没有固定的年度计划，不过这件事一直没有停过，我们一直在进行。近期规划推出 Work shop，还在讨论细节。同时正在筹备年度重要设计。

文：这两年有不少年轻朋友投入文化产品的开发，您从 2002 年创立品墨至今走过了十四年，有没有什么话想送给他们？

王：没有，我觉得有很多事，你无法从别人的口中得到真实的经验，只有自己实际走过。在台湾开发自己的文化商品是辛苦事，很容易就磨掉许多热情。老实说如果不是我真的热爱这一块，没有办法坚持那么久。退一步想，或许经历这些，将来能给我的小孩比较受用的人生经验。台湾不少人也正在做与我们相同的事，虽然内容不同，我相信初心是一样的。或许我们在市场走得比较早，相对辛苦一点；最近有股强烈的感觉，之前的岁月都是在履行梦想，像是玩伴家家酒。如今学习告一段落，现在才像是开始创业。每个创业者过程都和我一样，花了很多钱与时间在起头。我的梦想不会消失，只是会更重视根本。梦想必须在商业市场上禁得起考验，有了实质的合理收益，品牌才能顺利走下去。

以手工制作少量并附有质感的生活布物也是品墨良行的计划之一，并在街上店内贩卖。

品墨良行·巷内店
地址：台北市永康街 75 巷 10 号
电话：02-23968366
营业时间：星期一至五，10:00 至
12:00，下午 1:30 至 7:00
星期六日下午 1:00 至 7:00

品墨良行·街上店
地址：台北市永康街 63 号
电话：02-23584670
营业时间：12:00 至 20:00

Contents 目录

Pencase Porn!

除了收集拥有，
文具迷们最感兴趣的一件事，
就是窥看别人的文具收藏及应用。
既然如此，
就一起大方欣赏吧！

【Pencase Porn!】单元，首发登场的是歌手郭静，
歌声纯净温暖的郭静，竟也是位十足的文具控，
除却歌手身份，谈起文具就成了双眼发亮的文具迷，
采访中她大方分享了自己的文具收藏，
也畅谈挑选文具的想法及曾经有过的梦想，
好奇吗？！就快快翻开本页吧！

Claire 郭静的文具艳遇

文字 by 黑女　摄影 by 王正毅

对手帐的执着，每日行程变一周大精选也要写

　　我写手帐规矩很多，首先，我的手帐一定要有月记事和周记事，尺寸不能太大，以前会买一些卡通主题手帐，比如玩具总动员或 Care Bears，后来因为想自己画，手帐本就不能太花，于是买了素色只有格子的，不过只有格子的自填式手帐其实也有个困难点，就是千万不可写错！一失足成千古恨，写错一天就可能会毁掉一整年。写方格月记事一定要用细字笔，但用黑色或比较深色的笔去写时，就会觉得好不协调，所以后来大多选择咖啡色或是淡色，搭配 0.3 或 0.5 的笔径，来写月记事的部分。

　　另外一定要买的是印相机，我买的是 Polaroid（拍立得）品牌的。虽然相纸要价不斐，但有时快过期的相纸会打折，就会趁机囤货，过期的相纸偶尔也会带来一些惊喜，比如一印出来，才发现自己和朋友的脸变成绿色之类的（笑）。通常会隔一段时间，才一口气把手机里的相片输出，毕竟一忙起来，有时真的会忘记自己拥有印相机……它虽然方便，但也有麻烦之处，就是需要充电，心血来潮突然想印时，却必须要充电，实在有点煞风景。

写手帐的习惯大概从高中时期开始，也常常看关于手帐本的杂志或是相关的博客，很羡慕别人的手帐本怎么都那么缤纷！可是我真的是会有惰性，也因为唱片宣传期实在太忙，一整天工作回家很累，就没办法再强撑精神写手帐，只好一两周甚至一个月来个"大总汇"，不分天直接写在某一天上面。要出国工作时，也会在手帐写上必备品，还可以参考以前带了些什么，避免自己忘记。平常会用插画或是 PLUS 的"Decorush"花边带来装饰手帐，花边带的图案非常可爱，使用上稍微有些难度，大概必须以时速 0.2 公分前进，反正"噜"歪了也是自己的手帐本，没关系。

我很喜欢黑色封面、再生纸材质的空白记事本，虽然还没使用，但好喜欢带着它、随时写下心情笔记或是涂鸦的氛围。用来写的手帐和画图用的纸质要求完全不同，如果是绘图用，我希望是可以使用水性色铅笔的内页，可以制造晕染的效果，目前最常用的画具是 Faber-Castell 的 24 色红盒水性色铅笔，趁它在特价，毫不犹豫地买了！当然内心还是很觊觎 120 色的绿盒艺术家级专业款，但是它们所费不赀，是我的梦幻逸品，我常常去文具店望着橱窗里面像小行李箱一样的色铅笔，心里狂问自己："May I？"希望有一天能入手。

涂涂画画乐趣多，曾经梦想当漫画家

好像是从小学高年级开始喜欢画画，从前不是很流行在木头的桌子上面铺透明垫板，然后下面压很多东西吗？我就会在下面放自己画的漫画。小时候超爱《灌篮高手》《美少女战士》，会照着漫画临摹，所以我非常会画美少女战士，连下笔的顺序、月野兔的两条马尾，即使到现在我都可以画出来。我只是照着画，完全没有去上素描啦、美术那些课程，所以画些小插画还可以，让我画整幅山水画就没办法了！

前几年当红的游戏"Draw Something"我也有玩，因为很有趣超级沉迷，连吃饭都在画，当时还因为手机太小、手指画又会歪，画不过瘾，狠下心买了新的 iPad 和触控笔，还花钱买游戏中的颜料，结果殊不知买没多久热度过了，大家都不 draw 了，变成"Draw nothing"，好伤心！但我还是喜欢手绘的感觉，因为不太会操作绘图板，手绘可以随时修改、反而电绘要开很多图层，对于初学者难度高了点。

因为 3C 没那么在行，平时顶多是用 Line Camera 的手绘功能画一些表情插图，它可以储存起来非常方便！原本是自己涂涂画画，后来意外变成工作的一环，因为唱片企划和经纪人鼓励我，先是在杂志连载，接下来像是《我们都能幸福着》专辑的预购赠品，其实就是我自己画的"向日狮"手提袋；2014 年发行的新专辑《艳遇》的改版数字专辑也是我自己设计的"郭小静"随身碟，里面有全专辑的歌曲。

歌迷知道我喜欢画画，有人送我画册、师妹曾静玟也送我彩色铅笔，还有同事送我一套 Tombow 的"色辞典"色铅笔，殊不知我自己也很爱买，色铅笔已经有上百支，最好笑的是，有一次为了画义卖的鞋子，采购了一些亚克力颜料，后来发现它们太好用，不知不觉越买越多，家里都快放不下了！文具真的是买不完，我特地网购了一个帆布置物箱，专门用来放画具。

笔袋不嫌多，分门别类要收好

　　我身上一定要有的文具有两项，一种是多色笔，另外一种就是棕色的笔，因为我特别喜欢用棕色系写手帐，所以有点"颜色病"，就是到文具店会一直去看那些不同色系、品牌跟粗细的棕色笔，然后忍不住采买回家试写。买笔真的很难，尤其我要求很多，比如不能透背、又要滑顺好写，要找到心目中的棕色也是一门学问，会忍不住把所有笔尖粗细都一次买齐以备不时之需，从0.3、0.5、一路买到0.7、1.0之类的。

最近比较符合理想的是百乐（Pilot）的魔擦乐乐笔，我已经买齐全色了！反正看到一整组的色笔，不管能不能试写我都很容易冲动购物。用了魔擦笔之后，再用其他笔就觉得写字写得战战兢兢，因为魔擦笔可以随时擦掉重来，真的是很棒的发明耶。像是专辑署名的时候，说不定人家不一定想要有签名的版本啊，就可以随时擦掉（大笑）。还有另外一款台湾未贩卖的 0.7mm "钢珠铅笔" 也是魔擦笔系列，是去日本时购入的，同样是忍不住集全色了。

百乐的 "Petit 3" 也很有趣，它是透明钢笔的模样，但却有像毛笔的笔尖，可以灌彩色墨水，我看到时非常兴奋，心想是不是会有 12 色，但其实只有 8 色，它用起来水量丰沛很容易透纸，所以大多用在写卡片或画在厚水彩纸上，显色非常亮眼。

我平时很爱逛文具店，但是因为学生很多，必须"变装"戴口罩才能放心舒爽地逛，像是久大走道特别窄，要一直说借过，不变装的话很尴尬。大家如果在各大文具店发现一个戴口罩、又不跟人目光交集的可疑人物，可能就是我，哈哈！我还记得第一次去逛垫脚石南京西路门市，逛到走不出来，一口气花了两千多块，我不晓得我怎么了，连羽毛球造型的小吊饰和袜子都买！之前也曾经在圣诞节期间，想在校园演唱时发糖果给台下的同学，所以特地到文具店找透明包装纸、自己裁开包装，希望能在特定的日子带给同学惊喜，但因为每场都要发数十个，所以郭妈妈也被我拉下海"家庭代工"一起包糖果，演唱的前一天，都在"手作"。

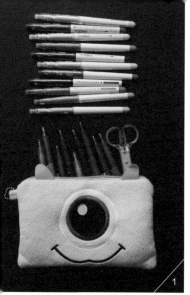

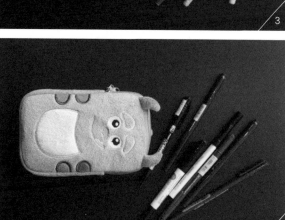

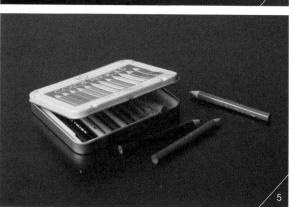

偷窥郭静的笔袋和文具收藏

1. 大眼怪毛毛笔袋

购于垫脚石南京西路门市，便宜又好用的收纳笔袋！主要收纳 Pilot 的魔擦乐乐笔和 0.5mm 的按键魔擦笔，写手帐不可或缺的一袋，毫不手软地集全色是一定要的。

2. 屁桃收纳袋

收纳荧光笔、自动笔用的笔袋，Decorush 花边带和国誉（KOKUYO）的 Dotliner 滚轮双面胶等等，装饰手帐用的工具也都收纳在此。

3. BATMAN 彩色 LOGO 笔袋

购于垫脚石，是 0.7mm "钢珠铅笔" 魔擦笔的家，购于日本，也是收全色！里面还有 Petit 3 自来水毛笔。

4. 蓝色毛怪方型笔袋

美术用品店和文具店采买的各种描线笔及签字笔，主要用来画画，除了雄狮、可以写纸胶带的"神器"Pilot Twin Marker 双头油性签字笔之外，还有包括 Copic 等专业画材品牌的针笔。

5. TOMBOW 色铅笔

12 色短版的色铅笔，有铁盒装很方便携带，出门突然想涂鸦时非常好用。

6. 人台和造型印章

犹豫了很久才买下的人台，本来是想画动作时可以参考，不过后来渐渐有了感情，到底动作能不能参考就是其次了，录音带和锅子造型印章都因为造型特殊而下手。

7. 购于韩国的画册

很喜欢它们厚实的手感，苹果图案的内页是空白再生纸，画草图很好用，黑色的笔记本内页也是全黑的，通常会用 SAKURA 的粉彩证券笔来书写。

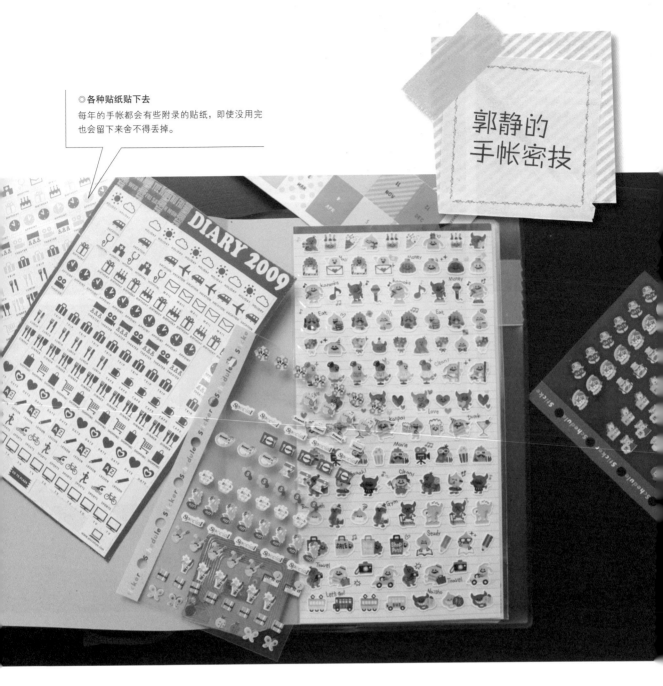

◎各种贴纸贴下去
每年的手帐都会有些附录的贴纸，即使没用完也会留下来舍不得丢掉。

郭静的
手帐密技

◎以相片记录
拍立得或输出的背胶贴纸，可以立即重现当下瞬间的欢乐或感动，"还原现场"。

◎**贴便利贴**

各种各样的便利贴，除了标示功能之外，
也是装饰手帐的好朋友。

◎**手绘图案**

大多使用魔擦笔搭配针笔绘图，常常是
"一周间大总汇"的精华式记录。

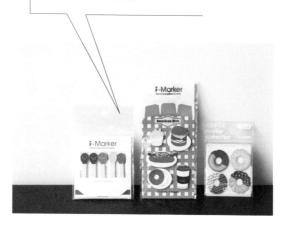

郭静推荐的文具店

◎**垫脚石南京西路门市**

东西超多又超大，从零食、杂货到文具、玩偶一应俱全，想要什么几乎都买得到，平价文具非常好逛。

◎**久大**

买广告颜料或画材、贴纸的好所在，新文具的进货速度也很快。

◎**诚品文具馆**

想要找高质量画本，又懒得特地杀去美术社，就近在诚品买，最近得了一种"各种 size 都收齐"的画册病，小尺寸的可以来做
卡片，要画水彩或色铅笔就需要大一点的画册。

◎ **1300K 弘大店（HTTP://WWW.1300K.COM）**

营业到晚上 10:30，连韩团周边商品都有卖，最喜欢各种彩色再生纸材质的笔记本，一口气买好多本。

◎ **10X10 东大门店（HTTPS://WWW.10X10.CO.KR）**

杂货为主但也有不少文具，就在东大门 Doota 楼下，除了买衣服也能逛逛文具。

◎ **KOSNEY 梨大店（WWW.KOSNEY.KR）**

复合式店面，结合杂货和文具，超级好逛！

---

about 黑女

深知不可将兴趣变成工作，因此文具始终只是闲暇之余的游趣，
可以三餐吃泡面但不能不买文具。
关键词是纸胶带／笔记具／手帐，近期沉迷于刻章。
真实身分是专业菇衣。
Blog: http://lagerfeld.pixnet.net/blog

致美好年代

古董&经典文具

一想到古董&经典文具，
立刻就会联想到的 Tiger（文具病），
视文具为生命一部分的他，
究竟收藏了哪些文具逸品？
一起去看下……

a
curio
&
writing
materials

属于那个年代的美好工艺设计，

经过时间的淬炼，

以现代的眼光探究，

依旧光芒不减，煜煜生辉。

这些梦幻逸品有些已停产令人扼腕，

有的至今仍是长销经典款。

但不管怎样，

身为文具爱好者，

一同品味这些永恒的时尚，

探究历久弥新的文具设计，

绝对是至高的视觉享受。

"致美好年代：古董＆经典文具"，

透过专访，带大家一同欣赏这些绝赞好物。

致美好年代
古董&经典文具

{ 绝版经典文具，
Tiger 的私藏秀！

摄影. 文字 by 陈心怡

Tiger 小档案

台湾交通大学应用艺术研究所博士候选人。对文具的喜爱像着了魔，2009 年开始经营部落格"文具病"（www.stationeria.net/），浏览人次破百万。在"想要介绍好用、却不贵的好文具给大家"的使命感驱使下，2013 年创办"直物"实体店（www.facebook.com/plain.tw）。

a

curio

&

writing

materials

Tiger 早已是文具收藏圈内响叮当的人物，他有很多私藏宝贝是五六年级生的共同回忆。那个年代经济起飞，父母亲多半认真固守一个领域耕耘，让孩子们可以拥有自己的文具，用旧或者用坏，可以再买新的，但多数都是廉价的小天使、玉兔铅笔、香水圆珠笔等，至于高档文具，则仍属可远观而不可亵玩的梦幻逸品。

但因父亲从事制图这份特殊职业，Tiger 从小自然而然浸泡在进口文具堆里，也种下了他日后特别钟情于机械感设计的种子，因此他收藏的自动铅笔比铅笔多，老式印章、削铅笔机、小刀甚至连 8 厘米的电影播映机他也爱。此外，因为小学班上有日本籍同学，他因此常可在第一时间吸收到来自文具大国的最新情报，Tiger 谈起这段童年往事，仍旧眉飞色舞。

削铅笔机酷炫 vs 印章好童趣

日本同学曾让 Tiger 最欣美的就是超炫的电动削铅笔机，当同学把这台削铅笔机带去学校时，Tiger 获得优先试削权，因为之前没用过，也不知道要怎样把铅笔送进去，结果一推进就被弹出来，后来慢慢抓到感觉时，"我马上就被电动削铅笔机的感觉给迷住了"。虽然心被迷住，但当年的家庭环境实在无力负担如此昂贵的削铅笔机，所以现在 Tiger 收藏的国际牌（National）电动削铅笔机，就是为了一圆小时候的梦。

当年虽然买不起电动削铅笔机，但是 Tiger 早有一台精致的手动削铅笔机。小男生几乎都很难抗拒这台有着火车头造型的削铅笔机，Tiger 的堂兄弟一来到家里看到它，都露出羡慕的神情，也因此让他萌起想要偷偷带去学校炫耀的念头，结果被妈妈发现后当然就拿不到学校去了。后来这台削铅笔机不翼而飞，但对它念念不忘的 Tiger，去了日本后又重新找回同款收藏。

而当 Tiger 接着秀出大小两种规格的连号章时，弄得我们一头雾水：这算文具吗？他喜滋滋地按压印章，然后发出"喀嚓、喀嚓"扎实的声响，"压的感觉很有饱足感！"当初 Tiger 一看到这组精美的机械外型章时，惊为天人，二话不说就订了下来。他还有着梦幻的想法：可用这组连号章印出漂亮的数字，自制各类型活动的入场券。

品味超龄，喜欢沉稳设计

回想我们自己在中学阶段，不管是用自动铅笔或原子笔，多半都偏好缤纷亮丽的设计，但 Tiger 用笔的品味却很早熟，这当然与他从小在父亲制图工作环境中的熏陶有关。因此不难想见，Tiger 和我们分享他收藏的自动铅笔几乎都是暗色系。

二十世纪八九十年代，Tiger 还在念初中，当时他被百乐（Pilot）黑色笔杆的自动铅笔给吸引，"素朴稳重的黑色笔身，拿起来觉得比较高级，也觉得自己有份量。"所以，即使这支笔要价三四百元，在那个年代堪称天价，但这个初中生竟卯足了劲，第一次自己存钱去买下这支高档货。

另一款跟了 Tiger 二十多年、从中学就使用的自动铅笔是德国施德楼（Steadtler）的"铁甲武士"。不论是百乐或者施德楼，Tiger 都会选择护芯管可收进去的设计。我们或许有过类似的惨痛经验，当心爱的自动铅笔掉到地上把护芯管摔歪了，笔芯就出不来，这支笔大概也就等于报销。Tiger 谨记伤痛，所以后来选择自动铅笔一定以能把护芯管收进为首要考虑，"铁甲武士"能够如此长寿，坚实的设计果然有力。

这些经典文具，大半都是 Tiger 这些年逐一找回收藏，它们也都因为绝版而益发珍贵。Tiger 的收藏不是为了使用，因为文具是消耗品，用完用坏就没了；也不会脱手出让，因为搜集文具就像把历史留住。在他眼里，这些历经时间焠炼而留下的设计，都是深入了解时代流变与工业设计最好的资料，因此"收藏经典文具，像是把前人制作的好东西保留下来的一种使命感。"

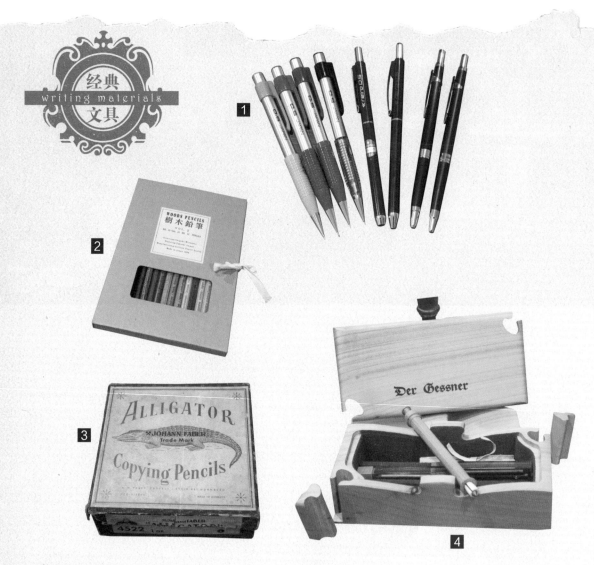

{ 笔类

① 百乐自动铅笔（右一、右二）、施德楼铁甲武士（右三、右四）、百乐 2020 YOUNG（左一至左四）

右边两款百乐与施德楼都是 Tiger 中学使用过的经典款，左边颜色缤纷的自动铅笔原本不是 Tiger 所喜欢的款式，这款 2020（日语谐音摇摇）摇一摇会出笔芯。后来开始收藏文具后，Tiger 才从历史角度去欣赏 2020 的设计。

② 梦幻逸品：树木铅笔

"树木铅笔"是日本过去曾与蜻蜓、三菱并称三大铅笔公司的 Colleen 所制。当年为了老师教学使用，所以设计两集（24 支）铅笔，笔杆取材世界各地的木材，后因某些木材珍贵而且设计太有趣，意外成为收藏家的目标。由于这些木材比一般铅笔用的松木硬，易使刀具受损，而屡屡遭铅笔工厂拒绝生产，最后由家具工厂帮忙，"梦幻逸品"才得以问世。

③ 辉柏嘉（Faber-castell）黄金鳄

这组铅笔珍贵之处在于是它完整的十二打装，还有一个大盒子，这样的经典款都是收藏家优先考虑的目标。"黄金鳄"每 12 支铅笔用纸卷成一束，上头的卷标图案与外盒，也是 Tiger 思考设计时的灵感来源。

④ Cleo Skribent 复刻铅笔

根据文献记载，最早的铅笔出现在 16 世纪，但没人看过真正的样子，所以德国品牌 Cleo Skribent 就根据史料复刻这支铅笔，它其实只有一只笔芯，要用木头夹着才能书写。Cleo Skribent 还为这支复刻铅笔设计一个精装笔盒，用同一块木头直接挖，很多小机构在里头，精美又有趣。

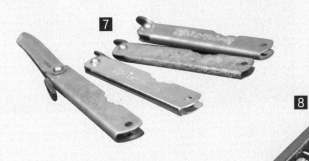

{ 刀具类

5 国际牌（National）电动削铅笔机
若不懂得电动削铅笔机的手感，往往一个不小心，整支铅笔就被吃光，这款国际牌电动削铅笔机有个有趣的设计。上面有三盏灯，一放进去是蓝灯，快削好会亮黄灯，削好是红灯，看到红灯就赶快拿出来，你的笔就不会被吃光。另外它还可以调整削的粗细。

6 ELM 手动削铅笔机
由 ELM 产制，这家公司还在，当时这个火车头造型可能非常轰动，所以韩国也有仿制。

7 永尾制作所肥后守小刀
据说台湾的超级小刀，就是仿造肥后守的外型所制。日本仍有小学不让学生使用削铅笔机，因为他们深信手削铅笔可以训练眼睛与手的平衡，所以学校会发给每位学生一把肥后守，有人在野外时，也会拿肥后守来削木柴，称得上是万用刀。永尾制作所已经传至第三代，也把肥后守注册成商标。

{ 其他

8 Boots 制图组
别怀疑，这组精美的制图组的确是 Boots 所生产。1850 年 Boots 有了第一家药店，传至第二代 Jesse Boot 时，他娶了娇妻 Florence，是 Boots 业务扩及书本、文具、精品的关键。但一战后 Boots 就卖给了美国人经营，经过二战后大量对医药与化妆品崛起的需求，Boots 才转型成我们今日熟悉的药妆店。这组制图工具是黄铜制，不管是圆规或者外盒，都是古典式的曲线和曲面设计，相当有气质。木盒里有夹层，里头还放有原拥有者使用过的橡皮擦与铅笔，Tiger 认为，看到使用过的岁月痕迹，比全新的文具更有意思。

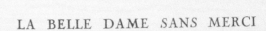

FUMÉE

ROBE DU SOIR, DE BEER

LA BELLE DAME SANS MERCI

ROBE DU SOIR, DE WORTH

旅行中，
寄明信片给自己。

旅途中寄张明信片给自己，延长旅行的记忆温度。
再寄张明信片给亲爱的你，分享旅行的美好点滴。

明信片，我们都曾有的书写经验，
无足轻重的轻薄份量，
却传载了日常尘埃遮掩下的厚实情感。
除了旅行，
在特别的时刻和节庆，
寄张明信片问候心里牵挂的人，
就算只是只字片语，
却传递了巨大的情感能量。

LE JALOUX
Robe du soir de Paul Poiret

DES RUBAN

LA ROSERA
ROBE DU SOIR DE W

将明信片作为此次封面故事的主题，带大家探探明信片的世界，看看玩家们的珍藏明信片、特别邮票及邮戳、还有他们的手作明信片、了解如何和全世界的同好，交换明信片，玩玩明信片漂流游戏。

Part 1

书写的美好，我的明信片们！

Part 2

环游世界的明信片——"Chain Postcard"

Part 3

和全世界交换明信片——"Postcrossing"

Paris

SANTA

Merry Xmas

新年快樂

甲午

HAPPY
NEW
YEAR

2014

吉祥如意

SEASON'S
GREETINGS

平安

福

留住旅程中的精彩。

　　身为一个热爱逛创意市集的文具爱买人士，众多摊主的作品中，明信片是最容易入手也最能从中一窥插画家风格的小玩意儿，没有卡片那样隆重，却又承载着手写的感情。在众多冠冕堂皇自行洗脑的理由下，明信片不知不觉也成了我收藏的一员。

　　只是收藏，似乎有些空虚……是的，各位观众！明信片的完整，应该还要有来自于邮票、邮戳和当下心情的记录。于是，我的明信片收藏之路开始从纯粹的购买收集，转变为"要买，还要寄"的行动路线！

文字 by 柑仔
摄影 by 王正毅

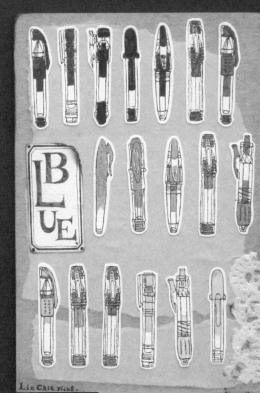

about 柑仔

看到新款文具出品，就会自动变身丧尸的新品种生物，迷失在文具海中无意识地按下购买键，享受回复理智后被包裹轰炸的感觉。

柑仔的柑仔店
http://sunkist0214.pixnet.net/blog
http://www.facebook.com/sunkist214

我的明信片来源

postcrossing 网站

想要得到来自世界各国的明信片，除了环游世界或是结交一个环游世界时愿意寄明信片给你的朋友以外，到 postcrossing 网站注册一个帐号，势必是最快捷的方式。postcrossing 已经拥有 49 万会员，分布在 211 个国家。（ http://www.postcrossing.com/ ）

好友

好友赵小隆，是个很能刻苦生活的背包客，也是我冷门地点明信片的最大来源，埃及、约旦、寮国……我一生中可能没法亲眼见到的景致，却都能借着赵小隆寄来的明信片，出现在我的明信片墙上。好友黄狗毛，是个帅气男子，却有到了外地不忘寄张明信片给好友的优良习惯，从东京到垦丁，收到他每次驻足寄出的明信片，我都知道他在那刻有想到我。

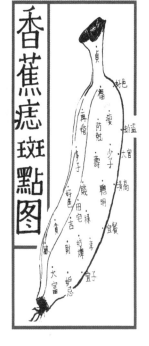

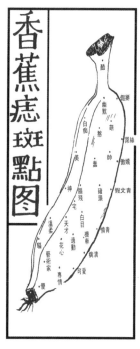

珍藏的
a postcard
明信片

除了旅游时买当地的明信片解解渴，如果想收集台湾插画家的作品，在各大创意市集、tode 土地创意专卖、pinkoi 可以买到嗨；国外的盒卡和套装明信片则在博客来或诚品找得到，虽然一盒动辄六七百元买起来有点肉痛，但张数几乎都是三十张起步，平均下来其实是相当划算的选择。

那么，如果到了前不着村后不着店，实在找不到地方买明信片的时候该怎么办呢？习惯随身携带空白明信片的我，拿起手边的折页和 DM 或想办法买份当地的报纸，都是剪贴出自制明信片的好素材！

ICELAND

【腊肠狗明信片们】

Postcrossing 的个人档案里可以标注自己想要收到的明信片类型，身为一名腊肠狗爱好者，在档案里我特别强调了这一点，因此当信箱里掉出爱犬的明信片时，许愿成真让我心里的兴奋和喜悦都要满出来了。一一贴在明信片墙上，抬眼望去忍不住傻笑，这些来自世界各地的腊肠狗明信片绝对是我一辈子的珍藏。

【达人手制明信片】

吉·笔

遥想和吉的缘份，是从 2011 年这张"笔明信片"和 ptt 的站内信寄丢风波开始，历经"啊，她是不是讨厌我"的脑中小剧场回荡数周，后来发现原来彼此根本就互相欣赏。一路好友到现在，每次看到这张明信片，当时的小剧场都还会在脑里上演一番。

Dai·柑仔院士研究室

和 Dai Dai 的熟识来自于 mt ex 福冈展的モチーフ纸胶带，在文具板上看到 Dai Dai 征求这款纸胶带，恰巧手边有，于是分装了一些给她当做小礼物。没想到她居然回了这张精致细腻画风工整的明信片，纸胶带在里头毫无违和感，实是一枚值得珍藏的巨作。

胖虎·圣诞帅爷爷

每一年胖虎都会设计帅到爆的圣诞明信片，2013 年的款式把圣诞帅爷爷用扑克牌的方式表现，真的太好看，为了配合我奇异的口味，背面还委请神秘人帮我画了骷髅一具，心意满点。

Hana·大吉大利

身边强者实在太多，Hana 爽朗的画风加上毫不手软的纸胶带使用法，让这张明信片望者忘忧，只想跟着这颗大橘子一起微笑呢！

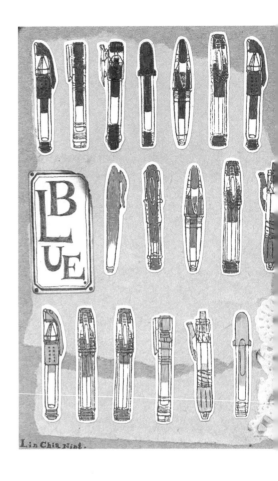

【旅程中的明信片】

泰国·TCDC MONKEY BIKE

搞笑有趣的路线是我的最爱，这张在泰国 TCDC（创意设计中心）购入的蒙面人骑欧拖拜的明信片，磅数极厚，加上背面我用 TCDC 的折页拼贴，可荣登手边明信片最厚实的一张。

巴黎铁塔 v.s 摩天轮

好友宽宽的欧洲自由行，没忘了捎个明信片给我，摆脱一贯的铁塔照，这张明信片复古框架中是黑白照片时期的巴黎，是所拥有巴黎明信片中最得我喜爱的一张。

琵琶湖博物館

同为文具控的好友阿梓，旅行到琵琶湖博物馆，特别为恶趣味的我选了这只有趣的古代鱼，两眼无神的模样有够逗趣，很想放一支手指在前头，看它斗鸡眼的模样儿。

罗马的明月

有个文具控的朋友，就不时得被骚扰，到罗马出差的小宝就是交到了我这个坏朋友，在繁忙的出差行程中，挑选了这张映着明亮月光的罗马竞技场，孤寂中带着美丽。

晴空塔下的阿朗基河童哥

帅气好友黄狗毛，是文具控梦寐以求的好友类型，不仅会主动的搜寻相关文具、随时提供联系购买、寄送有趣明信片，还可以随手画出好笑插图，这张晴空塔下的河童哥，就是在他跑完伊东屋后不忘捎来的明信片，令我超感动。

【好友小隆系列】

约旦・骆驼

生为一个理科人，动物系列的明信片相当能博得我的喜爱，尤其是这张来自约旦，噘起性感双唇的骆驼，一收到就让我呵呵笑了好一阵子。

以色列・希伯来语

此生不知道有没有机会踏上以色列，但我有来自以色列的明信片！希伯来语字母 ALEF 到 TAV 成了细致的小插图。“警语：此片对学习希伯来语并无帮助。”

Kayan・长颈族妇女

居住在泰国北部湄宏顺的长颈族女子，颈子上背负了厚重铜环，其实无异是一种酷刑，除了维持传统，长颈族的妇女现在已经成为观光景点的一部分。除了欢愉快乐的旅游，能深刻反应当地环境的明信片，看了虽然心痛，但也写实地告诉我们这个世界的样貌。

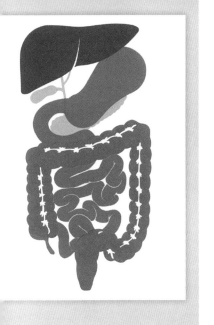

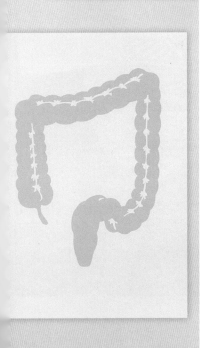

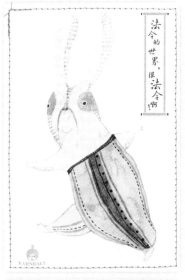

【只想珍藏的明信片们】

东海医院器官明信片

东海医院的设计商品一向以器官、医院为主题，身为忠实的小粉丝，万万不可错过。这两款器官明信片不见血腥，用相近颜色的色块显示器官，是器官爱好者务必要收藏的。

针线球 · 法令纹系列

带点有趣和恶搞气味的针线球，这一系列加上了法令纹的动物令人忍不住想发笑，手中的版本四周有车缝线，是设计师一张张车出来的珍贵作品。

品墨 · 2014 新年贺卡

厚磅的纸张上压印有质感的油墨，凹陷的部位造成的曲线充满了魅力！

【套装明信片】

巴黎 1900 年特展明信片

　　这些衣饰华丽的仕女们，摇曳生姿、眼角带笑，购自巴黎小皇宫的 1900 年特展，明信片上是巴黎 1900 年至二战前的 Art Décors 时尚仕女，彼时的服饰用现在的眼光检视，不但不觉老土过时，反倒让人回味以往的雍容，大小比一般明信片略大，使用的纸质颇厚实，极具质感。

Another Day in Paradise / I Feel a Sin Coming On

　　艺术家 Anne Taintor 设计，由 Chronicle Books 出版的趣味明信片，欧美的复古画报不是太饱和的印刷和色彩，加上女主角的顾盼生姿，每次看到都会不由自主地加入购物车，这两套套卡的特点在加上了打字机编打的字样，仔细看内容都令人捧腹，极具杀意的主妇们潜藏在笑容底下的是满满的心机啊！

创作
独一无二的
明信片

【金门手作明信片】

上回到金门玩耍，想来次不一样的手帐记录，也就是：
一天一张明信片！ 当日晚上记录今天去了哪，隔天
立刻寄出。带着 Polaroid 的 POGO 随身印，印出当天
最有感觉的照片；沿路收集折页和地图，每天晚上埋
首在桌子前剪剪贴贴一个多小时，带着金门邮戳跨海
飞回来的明信片，让我的金门手帐和别人不一样！

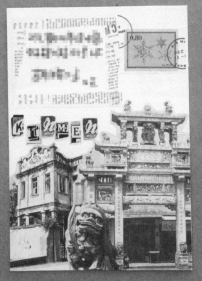

文字 by 黑 女
摄影 by 王正毅

关于旅程，
我想说的是……

明信片是时光的破片之实体，那些年如何倾倒颓圮，依然留下只字片语足供考古溯源。明信片是时间之书的页数，理应永不复回的编码，如今却能执之翻读，像欣赏易碎的标本那样，小心翼翼。

about 黑女

深知不可将兴趣变成工作，因此文具始终只是闲暇之余的游趣，可以三餐吃泡面但不能不买文具。

关键词是纸胶带／笔记具／手帐，近期沉迷于刻章。真实身分是专业菇农。

Blog：http://lagerfeld.pixnet.net/blog

珍藏的 明信片

a postcard

【no.1】

　　大约是从这张明信片开始的。去旅行时顺手写张明信片给自己，若来得及就自觅邮局选择喜欢的邮票贴上寄出，商务旅行时则大多委由旅馆代劳。超过十年以上历史的明信片，是出差时在富士山脚下河口湖畔的旅馆所写，当晚因过度疲劳，半梦半醒间隐约感觉床脚坐着一个小女孩，但我只是喃喃说："拜托让我睡一下，真的好累。"就再度昏迷。

【no.2】

　　初次前往东南亚，与大学时代要好的侨生同学一起，做一次迟来的毕业旅行。马来西亚空气湿度之高，正是南国夏季瘴魅四伏的写照。应该是委托饭店代寄，至今都想不出当时的自己如何能写出与那热气毫不相干的内容，什么"混种的异国花香、雨林般滋长肉厚"一类的。邮票很奇妙的是马华交流600周年，全然命中旅行的主旨。

【no.3】

　　"失散"是这张明信片的主题。来自云南丽江的明信片，来自过往在广告公司认识的友人兔子。当年有着同梯情谊的我们，虽然也偶尔见面，但总爱以邮件这类古旧形式交流。某一年失恋，她寄给我一张国语女歌手的单曲，在透明封壳上用黑色奇异笔写："爱错了，还有下一次。"CD放入音响后我痛哭流涕，孰不知多年后，幸福结婚的女歌手横遭背叛蝉连多天新闻版面，歌曲成了最佳代言，我却与友人失联，再无下次。

【no.4】

　　2006年，与在广告公司、电视台任职的文青友人们组成了一个五人写作小组，使用的是当时仍流行的个人新闻台，每个月轮流出题大家以各种不同形式书写练习，我们聚会时总是在咖啡厅，谈论着是否能"用文字改变世界"。其中一位挚友结力寄自旧金山的明信片，是恐怖大师史蒂芬金写作的情景，大约能描绘出当年轻狂的我们对"小说家"的幻想。

【no.5】

　　如果要谈论"文青"，是枝裕和大概是最理想的那种。毕业于早稻田大学文学部、毕业后开始拍纪录片，第一部剧情长片《幻之光》就拿下威尼斯影展最佳导演新人奖，他不是量产型的导演，但每部电影都令人回味再三。2009年他为《空气人形》来台，受访时妙语如珠逗得在座记者大欢乐、聊到欲罢不能，访谈后留下的签名明信片，是我喜爱的女仆装裴斗娜。

【no.6】

　　在日本九州岛从三月至十一月运行的蒸气火车"人吉"，纪念明信片亦是质感满分的锯齿切边加上雾面设计，来自大亲友小妮的明信片，搭配全黑的帅气机关车，连邮票都搭配了全身黑的《火影忍者》宇智波鼬。

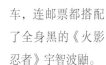

【no.7】

　　不耐长途飞机，最远只去到美洲的我，大多仰赖友人才能获得来自欧洲的明信片。工作中认识的亲友K子，来自波兰之旅的明信片，克拉科夫是波兰的旧首都，片面是该市知名的纺织会馆，很喜欢左边的琴斯托霍瓦邮票，淡色印刷、建筑线条都极美。

【no.8】

曾经和大学时代的好友洁西卡相约游古都北京，不过原本预定成行的那年不知道为什么却错过了，事隔多年，连北京奥运也已成往事，虽然因为公务去过多次，却再难同行。如今洁西卡已是人妻，她记着那些年的北京之约吗？

【no.9】

2003年，读了片冈义男的《文房具を买いに》，开始尝试拍摄文具，当然精良度远远不及前辈。2006年入手文具王高畑正幸《究极の文房具カタログ》，对于文具书写的深度又有了进一步的认识。发表平台从个人新闻台一路到无名、痞客邦乃至于脸书粉丝页，也因此认识许多新朋友。文具友鱼丸寄自挪威的明信片，虽然是冰川美景，内容依然是文具事。

【no.10】

"正义"是什么？若不是翻出这张明信片，我恐怕也早已忘记2012年曾经在某BBS版上不分日夜了盗版文具与网民笔战不休，爱说出口有多容易？但要实践却加倍困难。就在连日脑浆彷佛要沸腾的愤怒、因为熬夜上班不断打瞌睡、快要放弃之际，收到了来自文具友柑仔的包裹，除了明信片之外还附上已绝版纸胶带各种。"一样米饲百种人"为何让我眼眶发热？

【no.11】

　　阿柴与樱花的组合，是文具友幸仑关西之旅的战利品，印有京都站气势恢宏的巨大印章，邮票出自我好喜欢的插画家岩崎知弘手笔，和风满满。

【no.12】

　　阴郁而优美，史上最美的圣诞明信片，来自早餐团的砂砂（虽然强调不是某乐团主唱，但我依然脑补地就把他当成有村了……）两年前在 mt 台北展集结的早餐团，一起度过在暴雨烈阳中排队等入场的一个月，让我欢乐学习又开心成长，如今 mt 博再临，令人分外期待与友人们重聚的一刻。

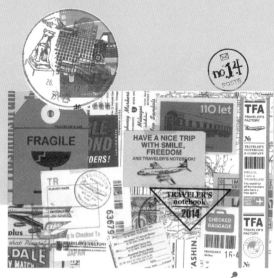

【no.13】

　　我常想，"神的旨意"一类迷信内容，究竟是否真的存在？往往于忧心丧志之时，神秘信函或卡片从遥远的异国飘至案头，总能让我看得心头暖流泉涌，无以回报，比如这一张来自西班牙的明信片，摄影师夫妇友人写道："唐吉诃德勇往直前的精神，让我们想起了你。"差点让我激动到泪洒办公室。

【no.14】

　　文具友甩甩的明信片，TRAVELER'S FACTORY 杰作，去东京时大多住新宿的我，从未去过涩谷邮便局，殊不知邮戳上竟然有八公图样，可爱度爆表，当然内容也是好励志！非常感谢！

【no.15】

　　椎名林檎后援会"林檎班"的季节问候明信片，2013年的十五周年纪念演唱会"党大会"前寄发的明信片，印刷精美之外，对着光还能发现明信片表面特殊压印，正是十五周年的LOGO——持旗手的图案，精妙巧思令人把玩再三不忍释手。

创作
独一无二的
明信片

a postcard

about Pooi Chin

喜欢写字，喜爱手作，
享受没有规划的灵感来源。

邮寄就是充满惊喜，多么奥妙！

我来自马来西亚，真正接触明信片才一年多，是从Instagram上认识的志同道合的文具朋友大方地和我分享了久违的一张明信片，从此我就对邮寄这"老土"和几乎被遗忘的沟通方式吸引、着迷而无法自拔了。

文字 b y Pooi Chin
摄影 by ChongYee Photography

珍藏的
a postcard
明信片

McDonald's Family Box

　　不是麦当劳的宣传单，作者把麦
当劳的晚餐盒剪成明信片的尺寸，再加
上装饰点缀。本来将被丢弃的纸盒被赋
予新生命，让人之后再看见类似的纸盒
都不舍得乱丢了！

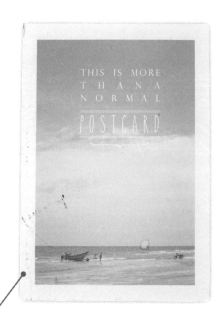

THIS IS MORE THAN A NORMAL POSTCARD

　　如明信片上印的"这不是个普通的明信
片"，因为它是独一无二的。男友知道我着迷
于明信片，把拍下的照片印下来寄给我。虽然
各自相距不远，但收到对方把思念的文字透过
邮寄到家，会有不一样的感动。

C'est l'ete ici

　　这是一位插画家在法国的夏天
创作的小插画，名信片上写的"C'est
l'ete ici"，作者的翻译是"这儿是
夏天"。图中的插画也反映了作者的
狗狗，"Summer"逗趣的模样。

London Buses

KEEP CALM and POST ON

简洁有力地述说，"KEEP CALM and POST ON!"亲手盖上的，因为印泥很难干透，作者还贴心地铺上了一层透明保护套。邮寄就是这么简单和充满乐趣！

London Buses

一直以来很喜欢伦敦的红色双层巴士，当看见这超大的切割状伦敦巴士卡片落在信箱时，觉得很惊喜。翻开背面原来是爸妈到伦敦旅游时也不忘帮我增添的收藏，人生地不熟也要找邮票和邮筒寄给我，心里觉得很温暖。

You've Got Mail

这手作明信片，运用 mt 信封款纸胶带的拼贴，看似简单的设计，盖上了 "you've got mail"，从邮箱里取出来时特别激动，心情就像盖章上描述的一样令人值得兴奋！

明信片背面：作者很创意地把讯息以打字机打在小包装上，里面装入许多复古小剪纸贴在明信片上一同寄出。这么花巧思的明信片，让人倍感珍惜。

Note：不同国家对明信信片的规格不同。

豆豆先生

　　来自泰国的名信片，相信是泰国的独立插画家的作品。豆豆先生是我童年时很爱看的戏，豆豆先生这样傻乎乎的表情真的很逗趣，看过几眼心情也会瞬间变好！若还有他的随身泰迪熊就更完美了，嘻!

The Postcard(Amphawa)

　　在泰国 Amphawa Floating Market 一家小店买到的手作明信片。照片是另外贴上的，整体很有拍立得的感觉，摸起来也有不同的触感。

吉隆坡

　　一个在马来西亚首都的明信片居然是从台湾寄出的。虽然我不住在吉隆坡，但我居住的地方与生活环境和吉隆坡不相上下。每个小细节更让我能从不同的视野看这繁忙又多元化的一个地方。

Beautiful ONTARIO Canada

　　其中一张加拿大的复古系列明信片，整体的颜色和很细腻的图案为这明信片增添了一股韵味。

香港信箱

　　很喜欢看不同国家的邮筒或是信箱，感受一下国外朋友邮寄的感觉。寄件人写道这些是在香港老建筑物的古式信箱。

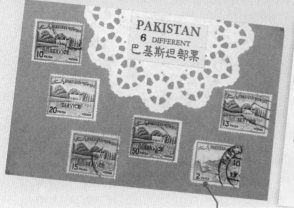

Pakistan 6 different Stamps

寄件人汇集了六款巴基斯坦的旧邮票贴成了一张名信片，变成一个可以欣赏邮票又有收藏价值的明信片。

Dry Fried String Beans

虽然我不会做菜，但看了这个干煸四季豆手绘的烹饪过程难免让人觉得肚子饿呀！

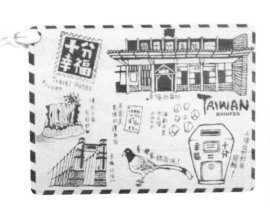

十分幸福

我的第一个来自台湾的木质明信片，很精致的细节，非常有质感！上面的文字也很俏皮，"天灯造型邮筒，超酷！"有机会到台湾我真想亲眼见识。

Send More Mail

每个在不同地方的邮筒都是独一无二的。最后分享一张自己设计，和我身边其中一个邮筒的合照，贴上了订制邮票，再寄给自己的明信片。

特殊邮期
及难忘的
邮票

a postcard

Toronto First Post Office

　　朋友在加拿大多伦多的第一间邮局，盖上了这些特别的邮戳与我分享。就连"航空"这印章也特别漂亮呢！

DENDA

　　忘了贴上邮票而被扣税，反而因此看见这样的罚款邮票和盖章而觉得新奇。

CANADA Stamps

　　因为欣赏这些邮票，和这位笔友交换了第一张明信片，之后和她变成了朋友，开始一起分享更多美好的邮票，看见这邮票都会特有感触。邮票也好大一枚呢！（笑）话说邮票都没被丢过，好像漏网之鱼！

中国邮政：安徒生童话

　　总觉得不管多大年纪，看见可爱的邮票还是会心动。加上这系列的童话故事邮票，更能让人勾起小时候的回忆。

很随性的字体

　　收到这封信的第一感觉，就是不得不佩服这写信人的大胆字体。后来觉得整体还挺俏皮的，我已把这归类为其中一件艺术邮件。邮寄就是充满惊喜，多么奥妙！

如何保存
a postcard
明信片

我都把明信片收起来放在盒子里，喜欢时不时翻开盒子来欣赏，可以触摸到明信片们，再重读内容时又有重新收到明信片的兴奋感。

创作
独一无二的
明信片

a postcard

07. Postcard Street,
Stationery Land,
60543, Enjoyment.

文具手帖
旅行去！

致：在讀著的你

開啟你的
文具之旅吧！♡

BY AIR MAIL
PAR AVION

设计了这款简单的明信片，要把《文具手帖》分享给更多志同道合的朋友。

文字 by Rita Chan
摄影 by 王正毅

明信片，将友谊
延伸至世界每个角落！

　　自小喜爱集邮的我，总会敏感地关注所有与"邮政"相关的事物。小则邮戳、邮票，大至各地不同造型的邮筒和邮政建筑……皆能触动我心。

　　在逐渐成长后，因为爱上邮寄通信及收集明信片，更开阔了我对"邮政"的视野和执着。秉持着这份喜好，不由自主地让我在朋友或自己出国旅游时，总不忘买张当地明信片寄给自己。当收件时，除了雀跃不已外，更倍觉这是旅行中最美好的纪念物之一。而毋庸置疑，自己所喜爱的明信片类型，当然离不开"邮政"这个主题！

　　有幸地，在几年前发现了 Postcrossing 网站之后，使得收集明信片便利许多。虽然容易取之不尽，用之不竭，却也教人格外珍惜视之。

　　每每通过备受崇敬的邮差先生的传递，而收到不受时空地利之限的明信片，其每张皆富含创作者深挚的情意和灵感，并获得不同文化的知识和珍贵的友情，那份喜悦感实在是不足外人道也！

　　期许明信片将友谊的地平线延伸至世界每个角落，彰显及发挥它的最大功能！

about Rita C.

喜欢拍照，
喜欢从日常生活中搜集点点滴滴的美好，
喜欢手写邮寄的"老式情怀"。
因为对"邮政"情有独钟，
出门旅游一定会和当地邮筒合照留念。
最爱收藏的文具是印章及纸胶带。
Instagram: http://instagram.com/ritacyc

1 日本邮筒造型明信片。

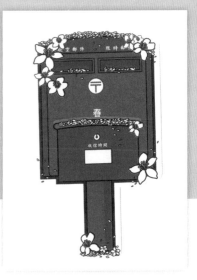

2 台湾邮筒造型明信片。

3 第一次台湾 Postcrossing 聚会片：2009 年 4 月，首次的聚会片，由 Jack Wehmeier 手绘的台湾邮筒。

5 英国邮政 Royal Mail 出品的邮票明信片。

4 第三次台湾 Postcrossing 聚会片：2011 年 4 月，除了有手绘片外，更有为此聚会而设计的手刻纪念章，地点之一更是观摩了桃园邮政处理中心内部运作，非常值得纪念。

6 美国邮政 USPS 出品的 Star Wars 邮票明信片。

7 德国小型
邮筒。

8 昔日德国邮差。
由荷兰寄出。

9 俄国邮
箱一景。

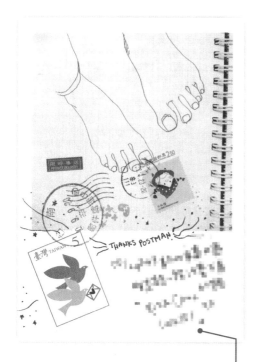

10 喜欢作者用邮票／邮戳设计成明信片，
发件人将实际邮票贴在正面的层次感。

11 第四次台湾
Postcrossing
聚会片：除了手
绘邮筒和鸽子递
信，更有第一次
和邮局合作纪念
邮戳。

12 相信很多人对"纸上行旅"不陌生；里面当然最喜欢邮差这款。

13 世界各国的航空贴。

14 美国品牌"Chronicle Books"出品的明信片套"Wanderlust"之一。

15 一直对品牌"Cavallini Papers"复古式的文具商品深深着迷。这是其品牌商品圣诞节明信片套中最喜欢的一张。

16 非常喜欢荷兰这位作者的手作风格，她自制的明信片全以"通信邮寄"为主题，好幸运有机会收到她专为我设计的明信片！

17 大阪邮便局出品的"Posta Collect"系列。

18 泰国历年邮筒，来自泰国邮政博物馆。

19 来自捷克，作者很有心地在明信片外黏着一个小信封，里面有首她喜欢的捷克民谣乐谱，"明信片＋信封"这样的创意太棒了！

20 来自马来西亚笔友亲自手作给我的明信片，各式航空贴再加一些简单的复古风纸胶带，深得我心。

特殊邮期及难忘的邮票

a postcard

文字 by 吉
摄影 by 王正毅

明信片，交换彼此未曾谋面却相同期待的兴奋心情。

明信片，
轻薄又深厚的讯息载体，
那样清明地敞开在众人之前，
无法传递太多的秘密。
然则，在文字之下借着本身的来到，
细细地挑起那缕被日常尘埃遮掩的情感丝流。

about 吉

热爱各种手工艺、器官以及任何形式的标本。
喜欢什么就会一头栽进去的性格，
大概还要再加上很多点不服气。
死心塌地，对人、对事、对物，都一样。
但求无愧于心。
哎呀大家好，我是林家宁，来自台湾。

珍藏的 a postcard 明信片

关于交换的这件事

　　交换明信片大约是有个周期性，某些日子换得特别勤快，某些日子怠惰些，勤快的时候天天下楼开信箱等邮差，一张一张地细细翻看，咀嚼着那些来自各处的文字与问候。怠惰的日子里收到朋友的明信片是加乘的开心，挂念惦记的温暖可以存放好些天。总是有那么贴心的朋友捎来投我所好的明信片，特别是挂载时间成分的手工拼贴，每一张都在开箱时刻即博得满心叹服。与刻各种印章才华洋溢的朋友自制片各路高手们交换的明信片亦是珍藏，看了再看，看它千遍也不厌倦。才华洋溢的朋友的自制片也是每次开放交换就必定报名前去，整整一叠都是传家宝。对于 Postcrossing 的明信片是忧喜参半，收到慎重对待的片会眉开眼笑地飞奔上楼，立即点开网页倾诉满心感谢，外带拍照上传与大家一同分享（名为分享实为炫耀）。有些时候也会收到令人皱眉的片子，这种时候礼貌也还是不可缺，基本的谢谢是必要的。特殊印刷或是特殊材质与造型的明信片，无论是触感或是掂手的分量都让人惊叹，啧啧称奇原来有这样的明信片呢！（又或者，更多的是：原来这样也是可以寄送的呀？）

珍重收藏

　　喜欢手写文字，喜欢展信愉快的欢愉时刻，信与明信片等等喜好自是不必再说，邮票与邮戳也是珍藏的重点项目之一，另外，各国的 VIA AIR MAIL 卷标也是收藏目标哦。台湾不定时会推出特殊主题的邮票，配合邮票主题会有的是特殊纪念邮戳，当然是一网打尽。记得也是为了收集来自各国的邮票才开始了我的 postcrossing 之路，而这条路上的同伴总是那样可爱，期待"越多邮票越好"的条件向来甚少落空（Postcrossing 里面可以设定自己的自我介绍，在这个区块可以写自己的喜好，我填的就是：我喜欢很多邮票，如果可以的话，请贴上小面额的邮票，越多越好），偶尔收到国外的特殊造型邮票感觉如获至宝，必定要上网查询身世来历。台湾的邮票近几年渐渐地多元发展，特殊造型与加工的邮票也不落于外国朋友之后，绝对是相当令人骄傲的（题外话：若是邮局的周边产品也可以更多元更亲人些那就太好了呀）。

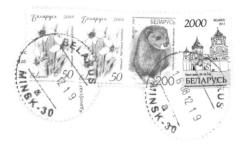

收纳如是说

随着明信片的造型越来越超脱四方，收纳也是个随之增长的烦恼，对于有轻微强迫症状与不整齐不行的 A 型人如我来说，无法好好地收成一本乖巧宁静地站在书架上令人芒刺在背。目前的收纳是这样的，一般尺寸规格的明信片不论厚薄一律用明信片收纳本安置，大创有卖的明信片收纳册不仅可以收明信片，还可以收纳票根票券与种种拼贴材料，是文具人的居家好帮手。特别的造型片，超大明信片与长长的片子们则是用活页文件夹收齐，文具公司相当贴心地有各种尺寸的活页文件夹可供选择，同一本里面可以夹入不同尺寸的收纳袋，也算是相当便利的。选择稍微有些厚度的文件夹可以为高磅数明信片们提供较好的支撑而不至于东倒西歪。

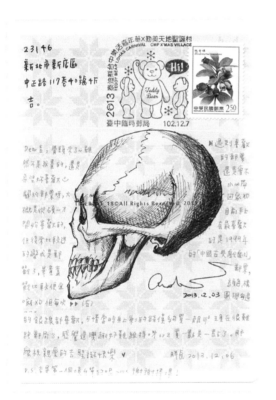

喜欢的是……

　　台湾的印刷产业相当发达，各个大小市集内必定会寻到的就是明信片，每位创作者风格迥异，任君挑选、包君满意的程度足以令大小朋友都满足。自己特别偏爱厚实的纸张，觉得有些厚度的纸张份量足够，比起信件反而比较像是卡片，不若一般普通明信片那样轻若鸿毛。若是遇到特别吸引目光的图面即使纸张单薄也还是买单，纯收藏不寄出，太过薄软的明信片在寄送过程中很容易折损，自己心疼，收到的人也心疼。

在文字之间

好久不见！Hi，你好吗？很高兴和你交换！It really nice to meet you, Happy Postcrossing!

多神奇的一个属于交换的动作，我们交换彼此未曾谋面却相同期待的兴奋心情，交换你有我没有的文具宝物，交换一只猫，交换一栋屋子，交换一个颜色，交换最珍惜的那个回忆与那句话。不论是单纯地收寄或是设定主题的游戏，这个介在信与卡片之间的存在物，总是带给人们无尽的欢乐。

about 赵小隆

七年级背包客！足迹遍布十余国 50 多个城市，踏上南极大陆寄张明信片是人生的终极目标！

明信片，
旅途中最重要的部分!

大四收到的第一张明信片，来自澳洲墨尔本的游学朋友，密密麻麻的字配上陌生的封面，完全无法理解这到底是怎样的概念？为何有人喜欢这玩意？直到自己出国后，从开始的意思买一下、到后来不论千方百计、千里跋涉也都得寄一张，甚至买不到就自己做的地步，只为了证明自己曾经踩在这块土地上，明信片就这样成为了旅程中最重要的部分。

文字 by 赵小隆
摄影 by 王正毅

平凡的不简单任务

寄明信片给自己的第一要务，就是先买到明信片。看似简单的任务，出了国才发现不是这么一回事。多数观光区买明信片不成问题，清迈旧城、耶路撒冷、暹罗、普吉岛等热门景点，想不买还真不容易。但愈少人去的地方，越容易遇到奇怪的事情，就愈难买，也更激发想寄的心情。

DonSao 岛的明信片，现在只能藉由寄出前所拍的照片凭吊。

最黑心明信片

一个位于泰国、辽国、缅甸三国交界的辽国沙洲，入境却不需要签证的 DonSao 岛，让我说什么都得拿下这难得的明信片。当天从清迈租了机车一路往北狂飙 300 公里，多次骑到快被周公抓走，好不容易抵达泰国口岸，找条票 300 元的小船载我到岛上，所见的明信片尽是灰尘覆盖却要价 50 元，那有历史印记的邮票，也是 50 元！这样平均下来，花了五小时的骑乘、快 400 元的资金只为了这一张难得的明信片。事后证明，邮票上的历史印记，只证明他是一张用过的邮票罢了！因为，这个地方寄出的明信片，没有一张收到，真是黑心到了极点。

最难寄的明信片

　　寄出明信片的最后一步是贴上邮票、投入邮筒 OVER，一张没有邮票的明信片总感觉少了味道，但怎么也没想到有个国家的邮票难买到爆炸。这个国家就是约旦，一个在当地工作的朋友直接说，即使是当地人也买不到邮票，所以只能交给邮局代为处理，这对明信片控的我来说真是重大打击，最后好不容易在安曼市区找到邮局买了邮票，然而下场是，明信片又去环游世界了，有时候真想问，花那么多时间找邮票是为了什么（注：大家都猜测着，邮票之所以难买，大概都拿去当签证用了吧！因为约旦签证就是一张价值800元的邮票）！

开罗百货公司买到的精美明信片。

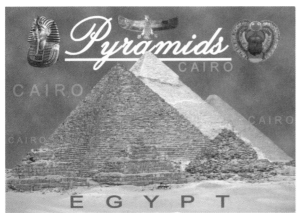

最难找的明信片

　　最难找的明信片令人出乎意料的是开罗。以金字塔闻名于世的七大奇迹，附近却找不到像样的明信片，只好随意买张旧到不行的骆驼金字塔来纪念。最后，在离开之前才在最大的百货公司 City Star 买到精美版。这，谁会去百货公司买明信片啦！

吉萨金字塔买到的老旧明信片。

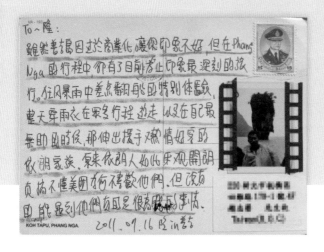

利用 pogo 图像，总可以把自己拉
回过去的回忆里。

找不到明信片？

若找不到足以彰显这趟旅程价值的明信片，那就自己做一张！从一开始只在背面写下单纯的字句，到开始利用 POGO 照片增添其故事性，最后在环岛过程中以地图、照片、文字、当地邮戳与 DM 单，构筑那自己所创造出来的独特明信片，不仅成为自己最有感触的收藏，在朋友的眼里，也是一种最温暖的手作分享。若真要我选择，哪怕字迹扭捏、画素模糊的手作，都远比一张商业色彩浓厚的明信片来的真实与柔软。但可别用擦擦笔、喷墨贴纸来手作，小心大雨过后变成一张抽象画派的明信片！

利用 pogo 印出 QRcode 的明
信片，朋友用手机扫描就可以
看到来自现场的特制影片！

利用喷墨贴纸与水性笔的手作
明信片，雨若再大点就是抽象
画了。

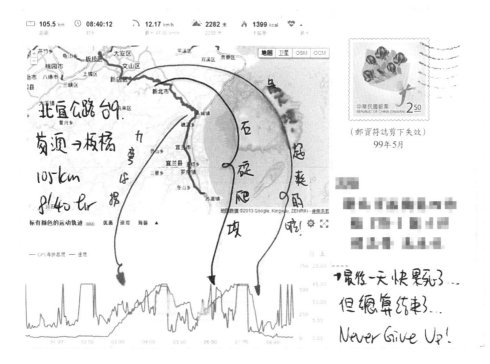

（邮资符志剪下失效）
99年5月

珍藏的
a postcard
明信片

好朋友。**到**
世界末日
那天。
until the end of the world.

1 | From 橘子！

朴素的封面，配上那简约的十个字，收到明信片的我马上融化，还有甚么明信片能比这张更有温度呢？

2 | 丝路单车骑行

由西安到乌鲁木齐的三千公里长征，许多没有明信片的地方，只能用 pogo 照片刻划路线，编织封面故事。公路爆胎、沙漠灰头土脸等，没什么能比这张更贴近真实！

3 | 埃及西奈半岛 | 达哈布

红海畔的浮潜圣地，为了买明信片逛了几个店家，店员报价后我还犹豫是否要买的当下，店员竟然拍桌大怒后就转身离开了，被吓的我只好乖乖买了好几张。毕竟，这地方很常绑架观光客然后撕票。

Doi Mae Salong, Chiang Rai, Thailand.

4 | 泰北清菜美斯乐

"异域"孤军，一个国共内战后被遗弃，却自认是中华民国后代的村落。听着大哥诉说着课本也不曾记载的过去，感触到最深的无奈莫过于历史的只字未提，当地的居民在白天的泰语课程结束后，还要求孩子学习中文，大哥说：不能没有文化的根。

Dahab Sinai Red Sea Egypt

5 埃及吉萨金字塔

科幻电影被毁灭多次的金字塔，配上沙漠中特有的骆驼多应景？别傻了，当初避之惟恐不及，只有跟团的才会傻傻地上了贼骆驼，代价可是100美金啊！

6 约旦佩特拉玫瑰城

世界最新的七大奇迹之一，佩特拉玫瑰城，变形金刚的火种源就藏在这儿，还能不列入精选？

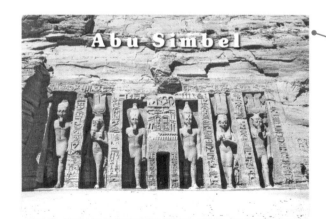
Abu Simbel

8 埃及亚斯文

听过阿布辛贝神殿的人很多，但能站在他面前，还寄了一张明信片给自己的人，应该不多吧？很难得的是，现场比照片更壮观。

7 埃及亚历山卓

不论是希腊化时代，或藏书丰富的亚历山大图书馆都是这都市的代表，但永远比不上这位回教的圣人，这就是埃及的缩影。

书
写
的
美
好
，
我
的
明
信
片
们
！

9 马来西亚马六甲

曾受荷兰殖民的土地，羡慕着异国有着世界文化遗产，却在鸡场街的 PUB 听到一个女生说："我好喜欢台湾，台湾好好玩，好有趣！"每次看这张明信片就会告诉自己，身在台湾真好。

10 以色列耶路撒冷旧城

世界应该找不到比这还要神圣却诡异的都市，犹太、伊斯兰、天主、基督徒在中古世纪的石板街上走动却彼此视而不见，连自己是亚洲人的身份也一并被忽略，这身处异国的自在感还是第一次体验到。

11 苏州

苏州的未来明信片，在指定的日期寄给未来的自己，这电影才会有的情结，怎样都不可以错过。

12 柬埔寨金边

如同 50 年代，没有繁荣却充满活力，没有名牌却充满代工的舶来品！这是一个比吴哥窟来的真实的首都，一个记忆中的台北。

I'm here

TAAL VOLCANO　　　　　　　　　**Philippines**

13 泰国华欣

一个因故而未能抵达的都市，朋友知道了也去了，就寄了这张给我。是有怎样的明信片可以比这张更让自己觉得遗憾的？这么机车又够意思的朋友到哪儿找！

14 菲律宾 TaalVocano 活火山

吕宋岛南部的火口湖，湖中间的火山岛，火山岛中间的火口湖，于是搭着船到图中的火山岛，爬到火山口看到还在冒烟的火口湖！这全世界最小的活火山也太有梗了！

15 上海世界博览会中国馆

要进这个馆有多难？四点半起床，五点半抵达入口开始排队，九点开馆拿票，还限定傍晚五点抵达再排两个小时才能进馆，从 2010 年看完到现在，我只记得有会动的清明上河图，还有满满的人！

16 金门

看了碉堡、坑道，想着在金门当兵的军人们，再看这张明信片，就是它了！

17 克什米尔

这辈子应该很难再收到来自克什米尔的明信片，一个隶属于印度却饱受巴基斯坦威胁，但当地居民却认为自己应该是独立的国家，而后面高耸的就是喜玛拉雅山！

18 土耳其卡帕多奇亚

搭着热气球，住在岩石洞穴旅馆，看着当地特殊的岩层，这么梦幻的场景，不仅是我的珍藏，更是这辈子怎样也要去一次的地方。

19 乌来

对于乌来总有云雾缭绕、人间仙境的错觉，要落实这个错觉，就只好自己动手乱做一番！这就是我心中的乌来！

20 泰国清迈

在清迈的日子，就是租着机车到处游晃，闭起眼睛想的不是清迈佛寺、不是旧城，而是那街道上的汽机车与那好几次差点骑到天国的右驾！

病入膏肓但
不想治愈的"明信片病毒"！

我一直都很喜欢在旅行时挑一张自己喜欢的明信片，写下当下的心情或见闻，然后寄给自己或朋友当作纪念。这个习惯后来渐渐演变成了只要有朋友去旅行，就会顺便寄一张明信片来安慰没法出去玩耍的我（以免我一直碎碎念）。之后，有位朋友转贴了 Postcrossing 这个和全世界的人交换明信片的计划的网站，我便从此踏上了和明信片难分难舍的不归路……

文字 by Hitokage
摄影 by 王正毅

BERNER OBERLAND

about Hitokage

奉"玩得开心"为最高准则，
旅行、拍照、手作、画画，
什么都爱玩也什么都想尝试；
更喜欢把玩过走过看过的事物用文字和照片记
录下来分享给人们。

博客：http://welkinwayfarer.blogspot.tw/
Instagram：http://instagram.com/
welkinwayfarer

珍藏的 *a postcard* 明信片

一开始我就只是乖乖地照着标准玩法玩而已，但过了一阵子觉得不够过瘾，就主动出击找看对眼的各国玩家间直接交换明信片，也跑去参加了各个论坛上交换明信片的活动，认识了许多台湾的同好，也认识了不少世界各地的好朋友。随着收藏的明信片堆得越来越高，我对邮票、邮戳、风景印等等明信片的"附加品"越来越有兴趣；也偶尔会自己画或做些明信片来寄给朋友，甚至还跑去把自己画的画印成了明信片，真的是玩得越来越过火了呢（笑）。看来我中的这个"明信片病毒"应该是无药可救了，但我病入膏肓得很开心唷！

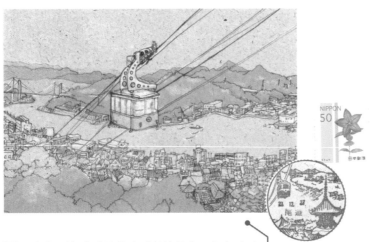

2 这张是去柬埔寨旅行时寄给自己的明信片，但大概是当时柬埔寨邮局的效率不怎么高的关系吧？我一直等到连自己都忘了有寄过这么张明信片的时候，才终于在信箱里发现它的身影。这段"失而复得"的旅行回忆好珍贵呐！

1 已经想不起来我是什么时候培养出"出去玩时会买（寄）张明信片给自己"的习惯了，但翻看着这些明信片总是会让我陷入一段段旅行的回忆之中。尾道，是个位在日本广岛县海边的小城，很适合乱走乱逛乱拍照乱钻小巷子追猫咪，在这儿可以吃到在日本颇有名的尾道拉面，而且……啊，再回忆下去要被编辑删字了，就此打住吧！

3 我的朋友中有不少人都被我训练出出去旅行时会寄明信片给我的好习惯（笑），这张明信片就是其中一位朋友去瑞士玩时寄给我的。虽然背面只写了一句"不知怎么，我看到这张明信片就想要寄给你。好可爱的牛牛！"而且还没有签名，害我一时之间不知道是谁寄来的，不过这四只可爱的牛牛的确每次都能在我心情不好时让我笑出来。

5 我一直都很喜欢插画明信片，也有在我的 Postcrossing 的个人档案上写上这一点。但没想到居然会有好几个人几乎在同一时间点都寄了这张插画明信片给我，因此我有四张完全相同的明信片，当然它们的背面都不一样啦（笑）。

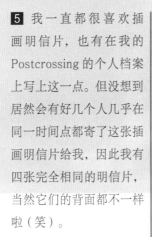

6 我有阵子很常逛 Postcrossing 的论坛，也在上面留了不少言，没想到有人看到我的留言（而且还是和明信片风马牛不相及的留言！），就主动说要寄明信片给我，而且不要求我回寄明信片，只希望我收到明信片时会觉得开心就好。于是我就多了这么张值得珍藏的明信片。

4 这张猫咪扑克牌明信片也是朋友去玩时寄给我的。这是我第一张（目前也是唯一一张）复合材质的明信片，毛茸茸的表面摸起来相当有疗愈效果！虽然我很想一直摸，但我怕会弄脏它，所以还是乖乖地把它收在塑料套里收藏起来。

7 这张明信片躺在我的"我想收到这样的明信片"的清单里很久了；其实我一直都不冀望能够收到这份清单上的明信片，但人生嘛总是会有惊喜的，所以我就真的收到它了！（笑）发件人不但特别去找来这张明信片寄给我，还很认真地凑了同样是蓝色系的邮票来配正面的猫咪，好用心呐！

8 这是我通过 Postcrossing 交到的第一个笔友寄来的明信片。我们一开始还会乖乖地在一般大小的明信片上努力多塞几个字来通信，但这没多久就演变成互相比较谁找到的明信片比较大张的战争了！（笑）此外，这场战争最后还是以双方都屈服于一般信纸的结局坐收了，毕竟大张的明信片真的太难找了！

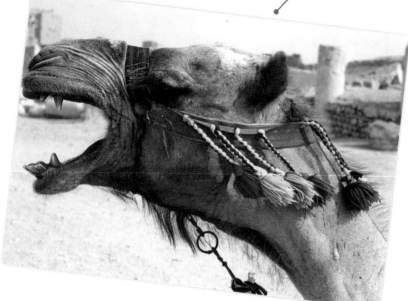

9 某次通过 Postcrossing 随机寄出明信片给某位日本的玩家，大概是因为我在上面写说我很喜欢用青春 18 车票坐慢车旅行的感觉吧？他就回寄了这张非常像青春 18 车票的广告明信片给我。每次看到这张明信片都好想立刻行李款款去旅行啊！

10 某次在日本搭火车去旅行时和坐旁边的人搭话，没想到一聊就一拍即合，还发现我们都是 Postcrossing 的玩家，真是奇遇啊！旅程结束后她寄了这张爱心型的明信片给我当作纪念，背面还有爱心型的邮票和日本只有两个地方有的爱心型风景戳，好用心的纪念！

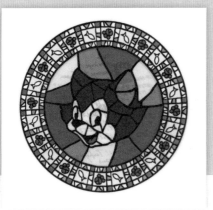

11 据说这是日本迪斯尼乐园很久以前出的明信片，而我会得到这张明信片只因为我说了一句"我小时候去过日本的迪斯尼乐园，但老实说几乎记不得什么了"，于是发件人便说"那这张明信片说不定可以让你想起以前的回忆"……嗯，虽然我和它互瞪了好久还是没想起什么东西，但这张相当特别的半透明明信片可是我的珍藏之一哟！

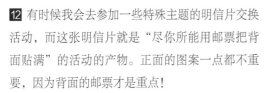

12 有时候我会去参加一些特殊主题的明信片交换活动，而这张明信片就是"尽你所能用邮票把背面贴满"的活动的产物。正面的图案一点都不重要，因为背面的邮票才是重点！

13 我一直都对各国语言很有兴趣，所以收到这张以色列寄来的希伯来文字母明信片真的很开心！而当我把这份开心告诉发件人后，我就又收到了一张背面写满了希伯来文的明信片……为了解读它，我花了整整两小时一个字母一个字母去对照再打出来拿去在线翻译；没想到一张字母明信片居然会为我带来这种解读暗号的体验呢。

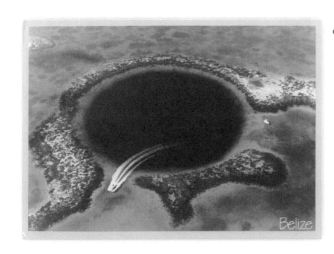

14 偶尔会有被我的文章钓到（嗯，希望是这样啦！）的网友说想要寄明信片给我；但这一位网友却是第一个不和我说要从哪国寄明信片给我的，印象深刻啊！（笑）噢对，这是从中美洲的贝里斯寄来的。糟糕，我得去查一下贝里斯究竟是怎么样的国家……

创作
独一无二的
明信片
a postcard

用几卷纸胶带、一点水彩或色铅笔，再加上十几分钟的时间，就可以把脑海中那片"我现在就想去这样的地方玩耍！"的景色寄给朋友！（笑）

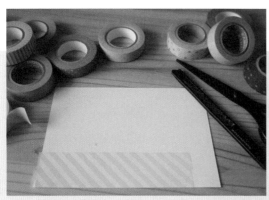

① 找一张空白明信片，随意在一角贴上纸胶带，然后再用美工刀轻轻地割出丘陵般的弧形。

② 割完后把多余的纸胶带撕去，再贴上另外一种花样的纸胶带。

03 因为纸胶带本身有厚度，所以就算纸胶带的花样不够透明，也可以顺着边缘轻松地割出和前一座丘陵的分界线。

04 重复以上步骤，就可以做出层层交叠的丘陵。

05 不过只有丘陵有点太寂寞了，再剪个长方形和三角形，来盖栋小房子吧！

06 把超出明信片边缘的纸胶带割掉后，就差不多完成啰！

07 如果喜欢的话，也可以再找出色铅笔或水彩，抹上几笔天空的蓝。

08 稍稍替换纸胶带的组合，就又是不同的一番景色了。那么，要把这幅景色寄给谁好呢？

part.2

环游世界的明信片
Chain Postcard

觉得只是在明信片背面写上几句话，贴张邮票写上地址再丢邮筒寄出很无聊吗？那么，就来寄张 Chain Postcard 吧！

Chain Postcard 是种『玩』明信片的好方法，只要找三四个（或更多）志同道合的人凑成一团就可以玩啰！

例如我的"基本款"的 Chain Postcard，在寄出时是这么个样子。其实它就只是一张两面空白（背面是完全空白的）的硬纸板罢了。

但在它去我五位朋友的家里绕了一圈，再回到我手上时，就变成了这么个样子。最基本的 Chain Postcard 上除了会有很多邮票、邮戳以外，说不定还会有不少寄送过程中造成的损伤。这些"旅行的痕迹"看似平凡无奇，但可是相当吸引人的。

怎么样，这张由众人出资供它到各处旅行的 Chain Postcard 很棒吧？

Chain Postcard 究竟是？

Chain Postcard 的玩法乍看之下可能有点不好懂，但实际上并不会很复杂。只要先排好顺序，例如"A → B → C → D"，就表示 A 要自己选一张明信片，把它寄到 B 手上，B 再把那张明信片寄给 C，C 再寄给 D，D 收到后再寄回去给 A，这样就是一个循环了。而 B 的明信片也是照同样的顺序，分别经过 C、D、A 后，再由 A 寄回 B 的手上；另两个人的明信片也是依此类推。所以参与的每个人都能得到一张旅行了一圈后再回到自己手上的明信片。

而玩 Chain Postcard 要注意的有三：第一个是，为了防止明信片上有太多人的地址而造成邮差的混乱，收到明信片后，最好要把自己的地址给盖掉，再寄给下一个人。盖掉地址的方式有很多种，例如直接拿邮票或贴纸贴掉，或者拿修正液或黑色笔涂掉也是种方法。当然也可以一开始就直接另外拿一张纸写好地址，再用纸胶带贴在明信片上，这样下一个人收到后只要撕掉那张纸就可以了，不用伤脑筋该怎么把地址盖掉。

例如我的 Chain Postcard 照片中一角的那张纸，就是另外拿来写地址再用纸胶带贴到明信片上的，收到后只要撕掉就可以了。它同时也有遮盖已经被销过戳的邮票（可以避免邮票被重复销戳到图案都看不清楚的惨状，也可以避免邮局工作人员的混乱）的功能。

第二要注意的是，因为明信片的大小是有限的，所以要稍微注意"空间"的分配，不然排在后面的人就没有可以发挥的空间啰。因此我通常都会直接拿两面空白的硬纸板来玩。

最后要注意的是，太小的明信片会让参与的人难以"施展身手"，而太过柔弱的明信片非常有可能在旅途中就阵亡；因此，最好挑选有一定厚度和大小的明信片，或者直接拿硬纸板裁成明信片大小来玩也是好主意（但要注意各国邮政对"明信片"的定义以及尺寸、厚度等等的规定）。

不过，如果只是由众人出钱让明信片们去各处绕一圈再回家的话，可能还是有点无聊，所以只要再多发挥点创意，就能把 Chain Postcard 玩得更有趣唷！例如规定只能用花卉或鸟类等某种主题的邮票，或者某种色系的邮票等等；但当然还有更多可行的玩法，翻到下一页看些简单的例子吧。

文字类

每个人各写一段自己最喜欢的歌词或电影台词，写下自己手边的书的第 X 页第 Y 行的那一句话，各自用一句话描述下目前的心情、故事接龙……

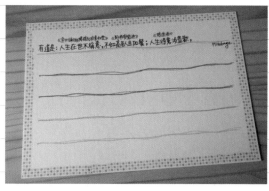

↑ 我的"诗词 remix"Chain Postcard 寄出时的状态。背面是专门用来贴邮票的。

↑ 回到我手上后就变成了这么个样子。大家都好会乱搭诗词啊！（笑）

↑ 而用来贴邮票的背面则变成了这个样子。这就是这张明信片的旅行记录。

画画或装饰类

只要发挥想象力和创意，Chain Postcard 的玩法还有无限的可能性哟。心动了吗？快招几个朋友，想个主题，再找张明信片让它代替自己去各个好友家里走一圈，然后就可以开始期待它旅行回来后会是什么样子啰！

↑我的纸胶带 Chain Postcard 寄出时的样子，它的主题是："夏天好热！我需要清凉的波浪帮我消暑～"。

↑回到我手上后就变成这样了。原本我脑海中想的画面是横的，但显然大家觉得它应该要是直的，这真的是个美好的错误啊！（笑）

↑当然啰，它的旅行纪录也挺不错的！

你一笔我一笔，把明信片当成画布，大家一起合力完成一张作品，四格漫画接龙，一个人画一格漫画，看故事会怎么发展，每个人拿纸胶带或贴纸想办法把明信片贴满，或者想办法贴出一幅『画』，拿自己（刻）的印章盖在明信片上……

和全世界交换
明信片
Postcrossing

在 2005 年 开 始 的 全 世 界 明 信 片 交 换 计 划 Postcrossing，目前已有约 48 万玩家，分布在 212 个国家内。只要会一些基本的英文，加入会员，填好基本数据，寄出明信片给住在某个你可能压根都没听过的地方的人，等对方收到明信片后，你就能收到一张来自世界上某个随机地点的明信片。听起来很棒吧？

当然 Postcrossing 可以玩的花样并不只是收寄明信片而已，但就让我们先从最基本的功能开始吧！首先，请先联机到 Postcrossing 的网站：http://www.postcrossing.com，点下正中间的 "Create your free account"（创立你的免费帐号），就能连到注册会员的页面。

就像你看到的一样，只要填入三大项的数据就可以了！
（https://www.postcrossing.com/signup）分别是：

1. Your approximate location（你的大概位置）
    直接从下拉选单选择你所在的国家（Country）、区域（Region）以及城市／地区（City/Place）就可以了。

2. Account details（帐号细项）
    三个空栏由上至下分别是：帐号（Username）、电子信箱（Email）和密码（Password）。

3. Your address（你的地址）
    请注意，这是要用来收明信片的地址，所以请务必填入完整的地址、邮政编码以及收件者名字，不要省略任何东西。如果你住在非欧美语系的国家的话，也别忘了附上你的地址的英文翻译。
    如果不知道英文地址该怎么写的话，可以去询问所在地的户政机关，或者上网至邮局的网站查询。例如中华邮政就有提供中文地址英译的服务：
    http://www.post.gov.tw/post/internet/Postal/index.jsp?ID=207
    只要填入自己的中文地址，再按下查询，系统就会告诉你英文地址该怎么写了。不过，别忘了要把自己的英文名字或拼音写在英文地址的第一行哟！

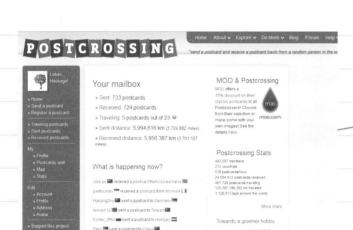

注册好帐号并登入后，就会看到此画面 要透过 Postcrossing 收到明信片，先决条件是必须先把明信片寄到随机的某个玩家的手上，所以，首先就来寄张明信片吧！点下左边栏的 "Send a postcard"（寄出明信片）。

勾选页面下方的确认框，然后按下 "Request address"（取得地址）的按钮，系统就会随机从全世界的玩家中选出一个人，让你寄明信片给他啦！

一开始每个玩家都有五张寄明信片的"额度"；待明信片寄达或者过期（expired，从抽到地址开始，超过 60 天后明信片还没被登录）的话，被用掉的额度就会恢复，就可以再继续寄明信片了。这个额度也会随着你寄达的明信片数量增加而变多，但一开始可能需要多一点耐心等明信片寄达就是了。此外，有几点要注意的是：

1. 抽了地址后就一定要寄出明信片给对方，也尽量别让对方等太久。

2. 别忘了把 Postcard ID（明信片 ID）写到明信片上。

3. 不要事先联络收件者，让你寄出的明信片在它寄达之前都是个惊喜，不然就不好玩了！

POSTCROSSING Send a postcard and receive a postcard back from a random person

Home | About ∨ | Explore ∨ | Do More ∨ | Blog | Forum

Bok, Hitokage!

» Home
» Send a postcard
» Register a postcard

» Traveling postcards
» Sent postcards
» Received postcards

My
» Profile
» Postcards wall
» Map
» Stats

Edit
» Account
» Profile
» Address
» Avatar

» Support this project
» Invite friends

» Sign out

Postcard ID: TW-1218349

And your postcard will go to:
Username   (male)
Name
Country 🇦🇪 United Arab Emirates
Speaks: English, Russian
Birthday: 8th April
Distance: 6 581 km (4.089 miles)

Postcard ID: TW-1218349
(Don't forget to write this on your postcard!)

Data, imagery and maps by MapQuest, OpenStreetMap and contributors. CC-BY-SA. Powered by Leaflet.

You should write your postcard to:

按下"取得地址的"按钮后，会连到像这样的页面；最上面的 Postcard ID（明信片 ID）非常重要！一定要把它写在你寄出去的明信片上，这样收件者才有办法用这个 ID 登录你寄给他的明信片。这一页上还会有收件者的基本数据、地址和自我介绍。

如果不知道要选什么样的明信片给对方的话，就看看他的自我介绍中有没有写他喜欢的明信片类型吧！而明信片背面，请以国际明信片的惯例格式书写：

邮票贴在明信片的右上角，收件者地址写在右半边（邮票下方）；左边则是写你要给收件者的讯息。Postcard ID（明信片 ID）不论写在哪里都没关系，但最好不要和地址写在一起，以免被误会是地址的一部分。寄明信片时通常不写自己的地址，但如果要写的话，请写在明信片的左上角。

把写好并贴好邮票的明信片投进邮筒后，就只剩耐心等待明信片寄到对方手上这件事了；当然你也可以再多寄出几张明信片。

等对方收到你的明信片并"登录"（register）后，Postcrossing 系统会寄出一封信通知你对方已经收到明信片了，信里说不定会有对方写给你的讯息唷！而在这同时，世界上某个角落的另外一位玩家就会抽到你的地址，并寄出一张明信片给你。

经过一段漫长但又让人相当期待的等待后的某一天，除了几乎天天都有的广告传单、定期出现的帐单以外，你会发现还有张明信片躺在你的信箱里！惊喜之余，也别忘了登入 Postcrossing，登录（register）这张明信片，好让系统及对方知道你收到这张明信片了唷。登入 Postcrossing 后，点选左边栏的"Register a postcard"（登录明信片）：

把收到的明信片上的 Postcard ID 照着填入表格中，如果有什么想对发件人说的话，可以把它写在下方的大框框中，如果想要收到讯息的备份的话，就把下面的小框框打勾，再按下最下方的"Register postcard"（登录明信片）按钮，就完成告诉系统"我收到明信片"的步骤了。

Postcrossing 就是像这样一直重复"寄出明信片、收到并登录明信片"的步骤，所需英文能力的门坎不高，操作也颇简单，更不需要等家人或朋友出行，就可以轻松收到来自世界各地的明信片。心动了吗？

小小提醒

・要用什么语言写明信片？

Postcrossing 世界中的公用语言是英文，但只要是发件人会的语言就可以了。

・邮票要贴多少？

各国对于明信片的定义以及邮资的规定之间差异很大，建议上网查询或直接至邮局询问。台湾的明信片邮资可在此查询：http://www.post.gov.tw/post/internet/Postal/index.jsp?ID=20503

・要去哪里买好看的邮票？

各地邮政总局的邮票库存通常比较丰富，比较有机会买到不一样的邮票；各地的集邮社当然也是个挖宝的好去处。以台湾来说，邮政博物馆里的贩卖处以及中华邮政集邮电子商场（https://stamp.post.gov.tw/）都是不错的选择。

・收到明信片一定要登录吗？

当然要！这可是最基本的规定。就算收到的明信片不如预期，它也还是一张遵守游戏规则寄给你的明信片，所以一定要遵守游戏规则登录它，不然这个计划就玩不下去了。（当然，太夸张的话可以考虑去申诉，但请先登录再申诉。）

・想休息一阵子或不想玩了怎么办？

如果有一阵子无法登录明信片的话，请记得一定要把帐号转成"inactive"（非活跃）状态。左边栏的"Account"（帐号）↓把第一栏"Account"中的"Your status"（你的状态）从"active"（活跃）改成"inactive"（非活跃）。在这状态下还是可以寄出明信片，但是系统会暂时停止让你被其他玩家抽到，等到不忙了再改回活跃状态，就能够继续收到明信片啰！不想玩时也请务必将状态改成非活跃状态，以免变成"呆帐"玩家。这一点看起来还好，但它其实是最最重要的一点。

Stationery News & Shop

秋天的台北很热闹，
"TRAVELER'S notebook & company in TAIWAN"
"mt expo in Taipei"
两场重要的文具圈盛事，让文具迷们热血沸腾，
快来看超级粉丝黑女、柑仔连手采访的深入报导。

而除了重要的展览，
本期当然还是要带着大家一起，

看看**美东活版印刷设计**，探探**美西文具杂货**，
日本的杂货、韩国的文具当然也不能错过，
增广见闻，厚植文具的见识深度，
文具手帖带大家去了解。

旅行到台湾

TRAVELER'S notebook
官方 event 首度来台

文字・摄影 by 黑女、吹吹

1　"明信片大赏"入选作品来台展出，彷佛 TF 中目黑本店原味重现。

2　成田机场限定明信片，江户风情浮世绘中的旅人，可是人手一本 TN！

3　台湾限定款黄铜笔。

4　成田机场及台湾限定纸胶带，火速销售一空。

5　TF 本店限定吊饰以及成田机场限定黄铜书签

一、自由的旅人们，正盖着章

　　对于热爱 TRAVELER'S notebook（以下简称 TN）的粉丝来说，九月份的大事莫过于在诚品台中园道店以及台北敦南文具馆举行的两场活动。这是自从 Designphil 公司在 2007 年推出 TN 之后，首度在台湾举行的官方活动，包括品牌总监饭岛淳彦、设计师桥本美穗以及营销统筹中村雅美等日方高层全体出动，也显示出 Designphil 对此场活动的重视。

　　台北场的活动自 2014 年 9 月 7 日上午 11 时至下午 5 时结束，营业时间尚未开始，文具馆前已排满上百位热情粉丝，人手一本 TN，摩拳擦掌准备参与活动。文具馆的门口，也是活动的"限定商品区"，墙上贴有"TRAVELER'S notebook in TAIWAN"的字样，以及官方 LOGO。从木制的展示柜到墙上装饰的 2013 年"明信片大赏"入围作品，力求重现中目黑的 TRAVELER'S FACTORY（以下简称 TF）旗舰店的摆设方式与氛围。

　　店门开启那一瞬间，所有"旅人"的梦想成真，TN 的活动真正来到台湾了。

限定商品包括成田机场店限定的三款纸胶带、明信片四款、限定内页，以及台湾活动限定的黄铜原子笔和纸胶带。当然还有吊饰、束口袋等等在中目黑本店买得到的商品，也一起漂洋过海来到台湾。未限定购买卷数的台湾款纸胶带，堪称以"秒杀"速度完售，活动开始不到一小时已全数售罄。

再往店内深入，其余两区分别是"手作区"和"实演区"。"手作区"桌面上摆设着木制收纳箱，每格都装有不同的贴纸，这些仅限活动以及参与官网投稿才能获得的珍贵贴纸，如今这样赤裸裸、坦荡荡地摆在面前，怎么能够控制自己的理智！另外还准备了与TF中目黑本店中最知名的"观光景点"相同的数枚原子章，最具人气的自然是印有"台湾"字样，本次活动的专属限定章。太太在活动后半进场时，贴纸已被使用一空，但展场内还剩下拼贴用的外文报纸"味纸"，机不可失，立即取用。

"实演区"将本店叫好又叫座的口碑活动"徽章制作"搬到台湾，消费满500台币即可制作一次。由日本工作人员亲自带领使用者动手作，共十五种图案，可选择要制成徽章或是穿过TN封面弹性绳的吊饰，挑选好图案后，经过徽章制作器的按压，再一一包装，voila！即使是小礼物也如此迷人，包装上的台湾字样，令人看了几乎要感动落泪。

今年下半年在爆满的工作中，终于也写完了第四本的TN护照本，耗费几乎一年才写完的Regular size黑本也终于完结（从此不敢再挑战黑本，花在挑选适合的纸胶带以及版面排列的时间惊人地长，且为此购入整套Pilot Juice粉彩笔），接下来TN又将带我们到哪里去旅行呢？敬请拭目以待。

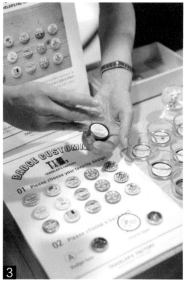

1 台湾活动限定的黄铜原子笔和纸胶带。

2 3 4 共有15种图案可选的徽章，让人想要全部包下带回家。

二、灵魂的呼唤（设计总监饭岛淳彦专访）

黑： 历经巴黎、首尔、香港，TRAVELER'S FACTORY（以下简称 TF）的官方活动终于来到了台湾，举行此次活动的目的是？

饭岛： 每年举行的"明信片大赏"中，海外的优秀作品数量最多的就是来自台湾，位于中目黑的 TF 旗舰店也经常有许多台湾的客人来访。其实之前就一直想在台湾举行活动，让使用者透过手作、实演，能够更愉快地使用 TRAVELER'S notebook（以下简称 TN）。今年的明信片大赏也有很多来自台湾的投稿！非常感谢大家。

黑： 在台中和台北两场活动中，是否观察到台湾与日本使用者不同的地方？

饭岛： 和过去海外的巴黎、首尔、香港等等活动相较之下，台湾使用者可以说是和日本最相近的，或许可能是两地的使用者表达"感性"的方式也比较像的缘故。

黑： 初次和台湾的使用者面对面接触，感想如何？

饭岛： 这次在活动中，遇到了很多长年使用 TN 的使用者，很多使用者都和 TN 一起度过了三四年，也看到大家通过不同的装饰、表现出对手帐的重视和爱，身为设计者觉得非常开心。大家都很热情，很希望活动时间能够更长一点，让我们能深入地了解大家的想法。令我比较惊讶的是，这次发现除了作为旅行手帐的"拼贴"功能，也有很多使用者是把 TN 的页面写得满满满，虽然中文我看不懂（笑），但是完全能够感受到 TN 作为"笔记"的功能，被他们发挥得淋漓尽致。

也就是说，TN 并不限于旅行手帐，只要能符合需要，无论是喜欢书写的人、或者是喜欢拍照并想要保存照片、贴成记录的人，都能够与它相处得很好。看到真心喜爱并珍惜这些事物、保存自己的生命历程的使用者，我内心非常感动。

黑： 是否能谈谈此次与诚品书店合作的因由？

饭岛： 和诚品书店的合作大约是今年（2014 年）春季左右决定的，至于要在哪里举行、活动内容为何等等细节，则一直进行到活动开始之前。Designphil 和诚品书店从过去还是以"midori"为品牌名称时就建立相当深厚的合作关系，从我过去在担任海外营业窗口时，只要来台湾，就会想去诚品书店看看，至少已有十五年以上了吧。除了是书店之外，诚品也担负了"文化传播者"的角色，当然也在 TN 的贩卖和推广上帮了我们很大的忙，因此首次在台湾举行的活动，就决定和诚品合作了。

黑： 台中与台北的会场都打造得很有 TF 风格，可否请教其中特别用心的地方？

饭岛： 这次的两场活动，与其说是为了"贩卖"，更像是聚集了喜欢 TN 的同好们的一场同乐会，除了我们工作人员本身之外，也有很多诚品的同仁是喜欢 TN、因此愿意为它发挥各种创意的，包括现场的摆设和示范用的笔记内容等等，虽然我们在现场还是有点手忙脚乱（笑）但是非常感谢大家的努力，正因如此，才能很顺利地进行这次的活动。

在现场听到很多使用者表达他们对 TN 的爱，也希望能多在台湾举行类似活动，我想这次的活动只是开端，希望未来也能有更多有趣的计划，邀请大家一起来玩。就好像台湾的旅客到了中目黑，会沉醉于 TF 的商店风格、彷佛变成景点一般，或许日本的旅客来台，也可以期待些什么？非常期待能够建立这样的联结。

黑： 今年 TF 在成田机场开设了分店，可否分享其间过程？

饭岛： 当初在设立 TF 时，我们在寻找建筑物上就已经颇费心思，原址是旧的制纸工厂，包括选择的家具、摆设也都以能传达"旅人精神"为主；但是成田机场店完全不同，它是位于商场中的一家商店，如何在其中营造出值得吟味的精神，是我们花费最大精力的部分，比如设置各个国家的国名印章，虽然店面很小，但希望 TN 可以借此陪着大家前往并记录每一趟愉快的旅程。

三、古董的质感（品牌设计师桥本美穗专访）

黑：桥本小姐成为设计师的契机是什么？

桥本：原本只是很喜欢手作生日礼物给朋友，因为比起用买的，手作的礼物或卡片心意完全不同。学生时代也很常帮忙布置教室，同学常常表示很惊喜，再加上念的是设计科系，找工作时很自然朝向"能让他人惊喜""能亲自制作物品"的方向进行，因此成为设计师。

黑：身为品牌设计师，在与台湾的使用者接触之后，有什么样的感想呢？

桥本：这次活动中，深深感受到台湾使用者的热情，活动举办前，原本担心是不是大家都能来？没想到两天内，来场的朋友真的非常多，甚至也包括之前常到中目黑 TF 本店的客人，能和大家相遇，真的非常开心。观察大家如何使用 TN 和它的周边商品，特别是纸胶带和店家名片、贴纸等等的拼贴，功力都很高深！

黑：为了台湾活动推出的两项产品，分别是纸胶带和黄铜原子笔的台湾特别版，底色都是黄色，有什么特别的原因吗？可否谈谈台湾款纸胶带的设计，如何选出芒果冰、龙虎塔、小笼包这些"台湾意象"？

桥本：其实纸胶带上的图案，就是我自己很直观的、想象中的台湾的模样，"这个应该很不错吧"，或是"我好想吃这个、好想去那里"（笑）抱着这样的心情，选出了包括乌鱼子啦、小笼包或是芒果冰在内的图案，来代表台湾。当初在决定要举行活动时，就讨论过要使用什么样的代表色，最后选择了热情、开朗又有精神的黄色，当然也包括出产很美味水果的印象。

黑：黄铜笔已经是 TF 象征性的商品，当初为何选择这样的材质制作呢？

桥本：我个人非常喜欢复古（vintage）质感的物品，相较于不锈钢，黄铜是会随着时间而改变的素材，像是外表的涂装会剥落等等，就像 TN 的皮革一样，随着长时间的使用，也会转变为完全不同的模样。我希望的是藉由每个使用者的手自己"做出"复古的质感，而非直接购买，因此，黄铜可以说是非常具有魅力的金属素材。

黑：配合成田机场店的开幕，今年秋季也推出了新品"1/2"，内页减少了一半，标榜"可以一次旅行写完一本"，记得之前饭岛先生曾在部落格写道，比起数字的媒介、像是明信片等"模拟"的传达方式更符合 TN 的精神，为何页数反而减少？

桥本：我自己经常在旅行时，产生"希望把一次旅程统整在一本内页"中的想法，现行的内页共有 64 页，比较难达到这一点。正好成田机场是"即将要出发去旅行"的场所，所以非常适合在这边买一本内页、盖上你要去的目的地的印章、然后带它去旅行，并且将旅程完全记录在其中，当初是以这种"组合式"的发想进行制作的。

黑：TN 和包括航空公司、天星小轮以及高速公路和 Tokyobike 脚踏车等交通工具都曾联名合作，可以谈谈其中经纬以及接下来的计划吗？

桥本：很多联名合作是在机缘之下促成的，比如天星小轮，是合作活动的香港 Citysuper 询问我们："你们对香港的什么感兴趣？"当时我马上回答："天星小轮！"当然乘坐地铁也能到达对岸，但是坐在船只上、闻着船上引擎散发的柴油味，欣赏维多利亚港的风光，似乎更有旅行的味道。恰巧他们和天星小轮公司有业务往来，因此完成了这次的合作。天星小轮是非常具有历史的公司，在看过各种历史性的图像、深入了解之后，首先想做的就是附在手帐内页的船票，除了带有"如果你还没决定去哪里旅行，何不到香港看看？"的意味，同时也将手帐本身与实际的"旅行"结合在一起，鼓励大家出发去旅行。

另外，在 TN 的明信片和透明雪花球等商品中出现的"TRAVELER'S Airline"，虽然是虚拟的航空公司，但如果能真正包下一架飞机，从机上的音乐、电影到飞机餐都是"TRAVELER'S choice"的话，感觉也非常有趣！

黑：接下来即将推出的新商品，可以稍稍透露一些情报吗？

桥本：希望饭岛先生不会生气（笑），黄铜系列会再有新品项，今年冬季还会有非日本的联名商品，合作模式类似天星小轮，也会是海外的联名系列。十月 TRAVELER'S FACTORY 就满三岁了，也可能会再开设一家限定店。

黑：和饭岛先生一起工作是什么样的感觉？

桥本：我们并没有特别分工，常常是在谈话的过程中，突然迸出灵感"啊，像这样做的话很不错呢"这一类的。总之就是把脑海中的妄想不断扩大，在互相怀疑"能做得到吗"之前，一个劲地把想做的事都讲过一遍，再从中整理出可以执行的企画。对于 TF 的工作人员而言，这份工作其实很像是"圆梦计划"，就像 Tokyobike 的合作也是因为工作人员很喜欢品牌的脚踏车，最后促成了联名合作的实现。我非常喜欢泛美航空，在刚开始制作 TN 时，就在内页贴上很多收集来的机票、设计感极强的 LOGO 图案等等，直到今年终于有机会真正制作泛美航空的联名商品，内心的喜悦难以用笔墨形容。

饭岛先生补充：我和桥本小姐两人的合作，一是中年大叔（笑）、一是年轻女生，也意外促成了 TN 的平衡，如何让像我一样的男性使用者用起来不感到别扭、又不会太男性化而让女生觉得无趣，希望能够在两者之间取得平衡。

黑：对于桥本小姐而言，理想的旅程是什么样子的呢？

桥本：最好是不要计划太多，以免行程变得像是"任务"一样，反而造成压力。我自己第一次去柬埔寨时，在那儿待了两个星期左右，几乎没有什么行前安排，只是很悠闲地去感受当地的氛围、还有乘坐交通工具，坐巴士时常不知道自己究竟在哪里、要在哪里下车（笑），但是这种探索的感觉，也正是旅行的醍醐味，能让旅程更有趣。

1 桥本小姐把护照尺寸 TN 当成旅行用钱包兼护照套，新推出的 fourruof 棉质收纳袋也可放入发票。

2 TN 大多用来记录工作内容及灵感笔记。

3 台湾啤酒的商标让桥本小姐直呼难忘。

4 Spiral note 系列的"南国袋鼠本"，MD 用纸装票根、盖印最适。

5 手帐中正好记录台湾相关 event 与商品制作的流程。

四、欢快的使用者

1. 您所拥有的 TN？

2. TN 的魅力？

3. 最喜欢的内页或单品

◎ Fishball
（TN 五年级生，30 代）

（1）除了高速公路和迷彩限定版外全数购入。第一本 TN 购于新宿的世界堂。（2）可以把所有的 idea 都加入笔记中，有各种内页可以挑选，配置成自己喜欢的样貌，另外就是 A4 三折尺寸，实在太伟大了，可以顺理成章地把很多旅行中拿到的传单塞入。（3）装咖啡豆的束口袋，用来装笔记正好，还有泛美航空合作款的明信片，太漂亮了。

◎ 张先生
（TN 六年级生，40 代）

（1）黑色、咖啡色的 regular size，以及黑色的 passport size 共三本。第一次在日本文具店看到它的设计，就被深深吸引，特地从桃园到台北参加活动。（2）皮革的外皮搭配多种可替换的内页，因为习惯贴入大量资料，很怕手帐本会越来越厚，TN 可以轻松替换，是旅行必备。（3）怎么贴都不怕重的轻量纸 64 页，以及收纳用的夹链袋。

◎ 小翠
（TN 新生，20 代）

（1）咖啡色的 regular size，第一次入坑，一度在 TN 与 HOBO 日手帐之间犹豫，但因为工作忙，有时会无法天天写手帐所以选择了 TN。（2）因为习惯用 Kakuno 微笑钢笔写手帐，不透又好写非常重要，TN 的 MD Paper 内页完全符合需求，另外也喜欢皮革的触感，带出门时怕刮伤，会小心翼翼地装进袋子保护它。（3）MD Paper 空白内页。

TRAVELER'S notebook
大事纪

2007.3
Regular size 发售。

2008
passport size 发售。

2010
东京青山初次举行装饰 TN 活动。

2011.10.22
TRAVELER'S FACTORY 旗舰店开幕。

2012.3
五周年纪念 Regular size 驼色封皮发售。

2012.8
Highway Edition 发售。

2013
passport size 五周年纪念天星小轮封皮发售。

2013.7
passport size Army Edition 发售。

2014.7
TRAVELER'S FACTORY 成田机场店开幕。

2014 mt 博 in 台北

文字·摄影 by 柑仔

关注纸胶带有些年月的纸胶带迷们，2012 年 mt ex 台北展期间，我们大清早冒着风雨，在诚品外头排队等着抢购限定款食谱、一起走着长长的队伍，鱼贯进入展场抢购惊喜包，打开包装那刻，彷佛开奖般兴奋（当然啦，开奖后的感想是另外一回事儿）、一起看手作区墙上精彩的纸胶带创作、一起把手作区当自己家的分装魔人。这些，是我们对 mt 的共同记忆！
2014 年，脱离规模较小的 mt 海外展，规模盛大的 mt 博初次海外出航，这回，会有什么记忆留存在我们脑海呢？

1 数十卷台湾限定款：台湾散步，整卷七米不重复贴满墙面，十足壮观。
2 墙面上流泻而下的纸胶带瀑布／构图 by 柠檬。

【烟酒仓库的大变身】

"mt 博 in Taipei"展场设置在 URS21（原烟酒公卖局中山配销处），URS 指的是都市再生前进基地（Urban Regeneration Station），21 则是中山配销处的门牌号码，目前台北六个 URS 中，是面积最大的一个基地。

1930 年到 1999 年，中山配销处扮演烟酒公卖局仓库近七十年，烟酒专卖废止后，虽然身处热闹繁华的中山区，占地甚广的空间却从此废置。直到 2010 年列入都市更新基地，并且由忠泰基金会进驻后，沉睡的旧仓库才开始活化，而随着这回的 mt 博，这一片广阔的空间，似乎从一个静静伫立的旁观者，开始跟我们的生活有了一丝关联。

占地这么大的场地，mt 如何让它变身呢？动员日方 4 人、台方 6 人，耗费 10 天时间，利用 mt deco 不退流行而颜色鲜艳的花样帆布，间隔地妆点了 URS21 的水泥墙面，远远地就能抓住你的目光。玻璃上撞色的 mt casa 宽版纸胶带，随着斜照进玻璃窗的阳光，在地板上映照出有趣的线条。

布展前后的 URS21 大变身！

FILE

2014 mt 博 in Taipei

时间：2014/10/17~2014/11/16
地点：URS21（原中山配销处）
主办：诚品 × 日本 mt
合办：台北市文化局
协办：PROP International Corporation

【不可错过的特色布置】

mt 展最大的特色绝对不仅在限定款纸胶带，而是展场里布满的纸胶带应用创意。展场外贴满了各色纸胶带、缤纷的 mini；黑暗房间里，昏黄灯光从和纸灯笼里透出来的美丽光球；或是负责接驳，但也不忘用纸胶带妆点得可爱到不得了的 mt bus；因为海外展本身场地的限制及运送困难，这些往往只有在日本本地展才看得见。因此，到日本看 mt 展 /mt 博 /mt 工场见学，是纸胶带迷们的美好梦想。

这个梦，今年在台湾也许可以稍稍得到安慰，进到 2014 mt 博展场，广场上两台 mini 小车，车牌标示着……仓敷？莫要怀疑，这款粉红格纹的 mini 就是从日本渡海而来的日本原装小车。而另一台英伦风小车，是展览开始前由 mt 创意总监居山浩二先生亲手装饰拼贴的。搭配上整个展场由 mt CASA 妆点的地板、玻璃窗、圆凳、墙面，跳脱了纸胶带原本只能小规模在纸本上装饰的"文具"取向，成了让生活变得更缤纷的居家生活用品。

台湾限定款十款组合，限量 500 组。

艺术家吴芊颐的纸胶带拼贴创作。

现场提供的提篮上贴满了令人心痒的限定款，中间提篮上包含了扭蛋款"木之实"和奈良限定款"ラテアート"。

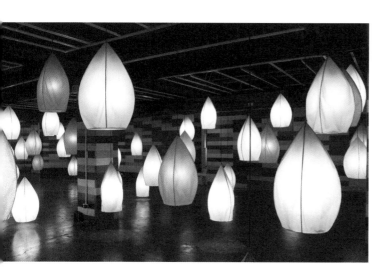

登上二楼，左侧 mt shop 墙面上的亚克力板上，贴着从2008 年到 2014 的历年作品，看着好些无缘得见、早期展览中的梦幻逸品，让人不停压抑把整块板子搬回家的冲动。右侧墙面是每回 mt 展墙面上最迷人的风景，一一拉开的滚动条，把纸胶带之美展露无遗。角落里日方工作人员不停操作着缩小版的切断机和卷替机，听着机器运转的声音，能在这儿知道纸胶带的制程，让身为纸胶带迷的我感动万分！

另一侧"日式天灯房"里高低错落，共 106 盏的和纸天灯，不同于以往灯笼的造型，融入了台湾风味，透过和纸照射出来的温柔光线，彷如梦境，让人感动不已，这 106 盏天灯在日本组装完成后，未经任何压缩直接装箱海运来台，其中耗费的成本和精神不言而喻。更往里面的"夜光之房"里，贴满可蓄光的夜光款，熄灯之后的点点繁星，奇异而美丽。

切割机打出光线，利用光点对齐进行切割。

将胶带贴齐在小滚动条，设定长度便可进行卷替。

切割下来的"客订裁切款"切面平整。

荻原奈美老师说明设计概念和她美丽的拼贴作品。

↑柑仔拙作。

【轻松自在创意爆发的工作坊】

"mt博in Taipei"举办了四场次的工作坊，邀请拼贴艺术家荻原奈美担任讲师。如果你对荻原老师的名字不太熟悉，请听听这段小故事：

Kamoi（鸭川加工纸公司）在制造工业用纸胶带的期间，有三名手作女性艺术家提出到工厂参观的要求，并且提议开发不同色系的纸胶带，将工业用纸胶带扩展到日常生活的使用，这是咱们家中必有的20色素色纸胶带的起源。从素色出发，2008年到现在，mt发展出了数百种不同的花色图样，让我们深深着迷。

这段故事和荻原老师有什么关系呢？是的，她正是一开始参观工厂的三位艺术家之一，mt在文具杂货方面的蓬勃发展，在最初的最初，荻原老师可是重要的契机之一呢！

工作坊报名状况十分激烈，报名窗口公布后没几分钟全数额满，快手柑仔幸运抢到了名额，课堂上利用纸胶带和老师远道带来的迷人纸类素材做裁剪拼贴，作品从旅行风、少女风、美丽的大花到阿柑的猎奇风，拼贴的过程相当愉快，感谢荻原老师对柑仔的盛赞，燃起了心中的拼贴魂！

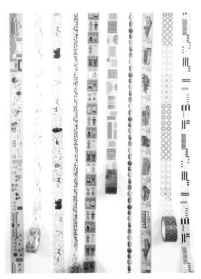

十款台湾限定款，左至右：台湾散步、野餐花样、台湾稀有动物、珍珠奶茶、台湾原住民、台湾窗花、琉璃彩玉、台湾旧戏院、台湾老磁砖和老屋绿地。

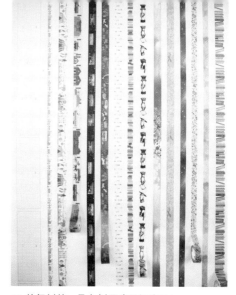

【mt 设计总监居山先生纸上专访】

　　居山浩二先生担任 mt 的设计总监已有六年时间,带领底下五人团队进行 mt 花样的设计,以下是和居山先生对这次"mt 博 in Taipei"的对谈,感谢居山先生言无不尽的回答!

　　柑:台湾限定款的设计,让粉丝们相当惊艳,请问您是否有先到台湾进行取材呢?

　　居山:到台湾勘查会场时,有和在地的工作人员见面,得到了很多灵感,从网络和书上也得到很多想法来设计纸胶带的花样,能认识台湾的文化和历史,觉得非常有趣。

　　柑:这次设计中,窗花、旧戏院、老屋、老磁砖等复古设计,正是台湾近来很流行的元素,请问是从哪里发想的呢?

　　居山:我完全不知道这是很受欢迎的要素,但因为这些设计跨越了时代,非常具有魅力,所以无论如何都想加入设计中。

　　柑:这次的设计中出现了珍珠奶茶,您爱喝珍珠奶茶吗?

　　居山:非常喜欢!有推荐的店请告诉我!

　　柑:这次 mt 博 15 款的复刻中,您最喜欢的是哪一款?

　　居山:这是个很困难的问题,因为每一个设计都很喜欢,但如果一定要选的话,就是"原稿用纸"吧,因为这是在制作各式纸胶带时的初期作品,现在仍然有人要求复刻让人感到很高兴。

　　柑:那么有没有台湾的朋友很支持,但出乎您意料的呢?

　　居山:如果只限复刻版的话,我对"千姿乌贼"受到欢迎感到蛮意外的,因为它并不是非常华丽,也不是立刻就能看出乌贼的花样。

　　柑:针对这次 mt 博的现场布置,有什么地方是不可错过的精彩之处?

　　居山:会场的外观,贩卖处的布置和展示等,全部推荐!期待在台北见到大家!

　　走在 URS21 草地旁贴满 mt CASA 的阶梯,脚下传来踩破气泡的声音,为了让 mt CASA 平坦的贴覆,原本的水泥地面先用大幅的胶布做了一层保护,再密密的贴上 mt CASA;"日式天灯之房"即使光线微弱,四周的墙面依旧仔细地用黑白两色纸胶带装饰;相较于单纯的买卖,在 mt 博的展场里,看到的是呈现缤纷外表下的细微用心和纸胶带激发出的无限可能,能够在台湾感受到这样的气氛,我感到很幸福,期待下回相见!

15 款复刻款,最左侧原稿用纸注目!

满额一把抓的小耳朵,意指裁切后的胶带头,裁切五六十卷纸胶带后只会有两卷小耳朵,其上可能有出产年、品名及对版标记,是纸胶带迷心中的梦幻逸品。

紧张刺激的扭蛋款让人又爱又恨。

黑白默片中的缤纷惊喜

大阪农林会馆

文字·摄影 by 毛球仙贝

如同德国作家麦克安迪（Michael Ende）笔下《说不完故事》中的千门殿，或是荷兰画家艾雪（Maurits Cornelis Escher）画作中多层、多门的诡异建筑，每当推开一扇小门，门后就有一个意想不到的魔幻世界。而在"大阪农林会馆"这栋五层楼的旧商社建筑中，每一层的长廊两侧，一扇扇小门背后，也都隐藏了文具控与杂货迷们流连忘返的小惊喜！你做好探险的准备了吗？

平成年代流动的昭和空气

在大阪心斋桥的巷弄内，有一栋具沉稳气息的欧式近代建筑，用厚重的木门隔开喧杂的 21 世纪。里面绕着四方转折的磨石子楼梯、黑白分明的棋盘式地砖，加上旧式电梯与时计大钟，空气彷佛静静停留在黑白默片中的昭和 24 年（1949 年），这里就是"大阪农林会馆"。

这栋建筑物在 1930 年完工，原本是三菱商事的大阪分部，1949 年之后转让给日本农林水产省。近年因为"活化旧建筑"之故，转作为小型的创意市集与特色小店。虽然迈入了平成 1989 年始年代，但会馆整体的空间氛围，还是流动着昭和初期的怀旧质感。不过馆方的心思也十分细腻，在转角处、围墙边，不忘定期更换一些与季节搭配的绿色植栽，看着小黄花与小白花的元气伸展，让略显厚重的历史感也跟着活泼了起来。

3

1 每一扇小门后，都藏着每位店主特有的选品与巧思。

2 以男性潮流服饰主的"walls&bridge"，也有少部分店主私心推荐的文具用品。

3 很有个性的不锈钢刀片，不但外型简洁利落，搭配上螺丝起子的设计，更令人惊艳。

1

如开礼物般的漫游乐趣

　　来这儿的旅客，一般有两种逛法，第一种是先搭乘电梯到顶楼，再一层层地往下逛；而另一种则是一层层地往上爬，最后再搭电梯下一楼。但不论你选择哪一种逛法，在 B1 都有美味的小点心铺，可以慰劳游客们疲倦的双脚。而因为是长形的建筑物，所以这里的每一层楼都有中央长廊，沿着长廊两边，则是一间间的小房门，有些门毫无顾忌地敞开，有些则关上或半掩着。每一个房间，都是独具特色的风格小店，从手作杂货、流行服饰、古董道具器皿，甚至是发型沙龙等各式各样。恣意漫游其中，彷佛有一种开礼物般，充满未知的期待感。而每一家店面，除了门牌与店门口的介绍海报或 DM 架外，在店里空间的布置更可说是各具巧思，充满店主的个人喜好与特色。

　　例如位于二楼，以男性潮流服饰为主的 "walls&bridge"，就有少部分店主自己私心推荐的文具用品，如 "TSUBAME" 的笔记本，内页的纸材除了流畅好书写之外，还号称能保存一万年之久；或是超帅气的不锈钢刀片，流利的外型，搭配螺丝起子的设计，简洁又利落，都是店主的心头好。这些文具迷的小惊喜，大都可以在每一扇门的后面慢慢挖掘。

1 黑白分明的棋盘式地砖，加上旧式电梯与时计大钟，空气彷佛静静停留在黑白默片中的昭和年代。
2 3 位在四楼的 "flannagan" 虽然面积不大，但各类文具都相当齐全，可说是文具迷的小天堂。

DATE

地址：大阪市中央区南船场 3-2-6
网址：http://www.osaka-norin.com/index.html
楼层介绍：http://www.osaka-norin.com/tenant/index.html
交通信息：
地下铁 御堂筋线 "心斋桥" 站出口①，步行约 5 分钟。
地下铁 堺筋线 "长堀桥" 站出口②，步行约 5 分钟。
地下铁鹤见绿地线 "心斋桥" 站出口②，步行约 5 分钟。

文具迷的小天堂 – flannagan

位于会馆四楼的店家"flannagan"，2001 年就开始营业，已经有十余年的历史，更可说是文具迷的小天堂。不算大的空间里，除了设计师创作的个性背包之外，还有建筑、装潢类等外文书，并且店内各类文具齐全，又以笔类和笔记本为最大宗。不但有一般常见的自动笔、签字笔，还有建筑专业人士所使用附有水平仪的原子笔等。

而深受艺术家所喜爱的法国 RHODIA 笔记本，曾有人这样形容过它："无论再难写的笔，遇到 RHODIA 都会变得顺畅。"这滑顺的笔触、易撕的上掀式设计、特色格子内页，只要亲身体验过，很难不成为它的爱用者，更是店内的热门商品之一。

在今年，具有大阪指标性意义的固力果先生巨型广告牌，跑过 80 多年岁月，第五代正准备要进场维修，交棒给第六代。我们姑且不论一张笔记本的纸页，是否真能保存万年。但至少可以想象的是，"大阪农林会馆"从 1935 年第一代固力果先生开始奔跑至今，便见证着时光的奔流，如同默片的黑白背景里，彩色人物正一代代精彩上演。

易撕的上掀式设计、特色格子内页，只要亲身体验过，很难不成为它的爱用者。

about 毛球仙贝

生活道具与文具杂货的偏食症患者，长期被"日常美的生活模式"所召唤。当漫游者的经历，比当旅游者更丰富；当读者的经历也比当编辑更丰富。

目前正在进行"渗透日本"计划。

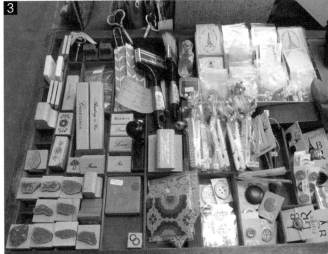

1 2 "flannagan"以笔类和笔记本为主要种类。不但有一般常见的自动笔、签字笔，还有建筑专业人士所使用附有水平仪的原子笔等。

3 来自欧洲的印章、贴纸、钮扣等杂货，也是相当有人气。

吹过九州岛火山口的凛冽北风，
再一次给你温柔的冲击！

キタカゼポンチ KITAKAZEPUNCH
阿苏·北风商店

文字·摄影 by 毛球仙贝

"**キタカゼポンチ**（KITAKAZEPUNCH）"是个以插画、印章、小木雕为主要创作素材的个人特色品牌，而脸颊红通通的小人偶们，正是这个品牌的主要形象。近年来，他们更把创作延伸到文具、服饰、版画制品与杂货等周边上。其朴拙、充满自然童趣的风格，深受日本文具迷的喜爱。

1 "キタカゼポンチ（KITAKAZEPUNCH）"位于"洋裁女子学校"后方，是间很容易一不小心就被错过的小店。

2 被北风吹拂过的红通通脸颊是**キタカゼポンチ（KITAKAZEPUNCH）**"的形象LOGO。

3 品牌创办人市原辰昭。

"北风商店"具现化

"キタカゼポンチ（KITAKAZEPUNCH）"就字面上的解释来看，是指北风的冲击；但当初创作者取这个品牌名称，纯粹只是因为这两个字眼念起来，有一种独特的声韵感，于是索性就拿来当成品牌的名字。并且也因为这个字面上的意义，发展成为这个品牌形象的主要象征——被北风吹拂过的红通通脸颊。

刚开始，"KITAKAZEPUNCH"主要活跃在日本九州岛地区各大都市的个性文具、杂货店家陈列架上，并且常在这些店里巡回举办特色作品展。后来除了把触角延伸到山口县以及东京的一级战区西荻洼之外，品牌创办人市原辰昭还开设了网络型态的"北风商店"。直到这两年，才又在九州岛熊本县阿苏市的旧洋裁女子学校校舍旧址中，把"北风商店"实体化，成为"北风"目前的落脚处。

阿苏旧洋裁女子学校

　　位在阿苏神社附近的"洋裁女子学校"目前已经废校，而自1902年即已设立的旧校园，重新开放给店家进驻，包括手作杂货铺、咖啡馆等，为木造老式建筑注入了新的活力，也和神社一起成为造访阿苏市时，不能错过的旅人驻足点。

　　"北风商店"正位在旧校园里，从主校舍（现为复合杂货铺"ETU"与咖啡馆"Tien Tien Cafe"）后方的一处林子前，就可看见"北风商店"白色的木造小屋搭配着蓝窗格的玻璃木门。在通往小屋的石径旁会摆着一块小黑板，除了写着今天的日期与星期外，还会有"北风"手绘风格的漫画与句子，例如"那个人认真起来好好笑喔！""A：'我是属于买了东西，也舍不得拿出来使用的人'B：'东西不是就是为了要用，才买的吗？'等"，十分具有生活的温馨感。

已经废校的"洋裁女子学校"，目前开放给各类店家进驻，成了阿苏神社的人气景点之一。

这系列附有木雕人偶的"人形印章"，无论在印盖时或随意放在桌上，都相当吸睛呢！

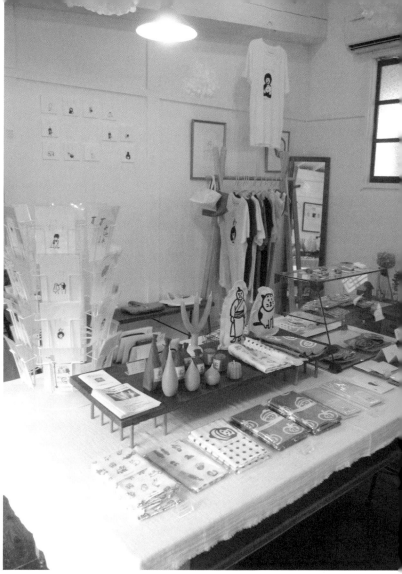

"北风商店"的红通通脸颊

店内清爽简洁的摆设，虽然是小空间，但却没有局促的紧迫感。每一个层架与平台上，都可以看见"北风"的印记：红通通的脸颊。从窗台上的木制小偶、中央长桌上的板画明信片、带有俏皮图案的信封、人形图像印章，都宛如日本知名摄影师川岛小鸟镜头下的"未来小妹"，不论北风怎么吹、风雪有多大，还是要努力地吃，用力地玩！也让被平日繁忙生活所煎熬的人们，在这些红通通的脸颊前，又重新充满活力与能量。而且如果你愿意等待，只要花上一两个月的时间，还能订做一个属于自己的印章，不论拿来藏书或装饰手帐，都是绝无仅有的私人珍品！

由于"北风"的创作以插画、版画为主，所以店内所延伸出的纸类商品也特别精彩，如同门口的黑板一样，一个句子、几笔表情线条，就能让人会心一笑。连店里的手工饼干，也都用巧克力酱勾勒出不同的图案，每次去都能有不同的惊喜，也常让客人舍不得吃掉它。再加上创作者对动物们也有特别的偏好，所以从北极熊、猫头鹰、乌鸦、兔子和猫，都充满了"北风"的特色，甚至连熊本名物くまモン（熊本熊），也被"北风"的板画明信片偷偷绑架给幽了一默。

如果改天有机会参拜阿苏神社，或是去阿苏火山看壮丽的火山口风景，下山后别忘了来"旧洋裁女子学校"里走走，感受一下北风吹拂火山口之后，在心底所留下的温暖冲击印记吧！

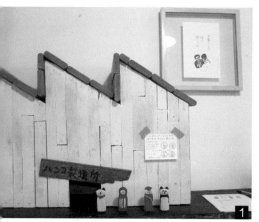

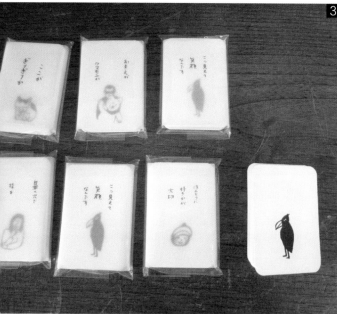

DATE

地址：熊本县阿苏市一之宫町 宫地 3204
电话：0967-67-2338
营业时间：11：00 ～ 18：00
定休日：每周三、四
网址：http://www.kitakazepunch.com/

1 如果你愿意等待，只要花上一两个月的时间，就能订做一个属于自己的姓名印章。

2 各种动物造型的小信封和留言小卡。

3 只有版画图案没有文字的小纸卡，可让使用者自由发挥创意，加上与情境相互呼应的趣味文字。

4 KITAKAZEPUNCH 的手作小木雕，是店内的人气商品喔！

HURRA! POP-UP

Contemporary Danish Art and Design
November 22 - December 30 ~~JANUARY 30~2014~~ FEBRUARY 28 2014

Entrance around the corner through the alley

原汁原味的丹麦设计小铺

HURRA！
POP UP store

文字·摄影 by Kin

懒洋洋的午后，俨然已成为我在洛杉矶的后花园一样，我又再度启程出发前往 Abbey Kinnot Blvd。慵懒的阳光一如往常的洒在行人的肩上。街上的氛围还是一样不变的轻松。就在我还在物色新店家时，一个白白的，不知名的物体就这样飘进了我的眼角，简单的设计，却有着不容忽视的存在感，也让我不自觉地跟着指示牌进入了店内。

　　跟着指示牌，绕到建筑物后面时，不知为什么有着无比兴奋的感觉，可能是因为从来没有从后门进入店家的经验吧！从一个小小的店门，也是唯一的进出口。进入店内，空间感瞬间放大。让人眼睛为之一亮。整体以白色统一了店内的色调，更用微黄的灯光，营造店内的气氛。

　　一进门的亮点除了舒爽的空间感外，墙上的不规则摆饰更是完整地表达了店家概念。不同于一般店家，HURRA! 以展览的概念来作经营的主轴。由平面设计师以及音乐家所创办的 HURRA! 是一间具有时效限制的店家，更只专注于丹麦设计。不但带入丹麦插画家的作品，更将丹麦的精简设计一并带入。而 HURRA! 的主人为了发掘新商品，时常特地从洛杉矶飞往丹麦，联络设计师跟艺术家。希望带给大家不同的丹麦印象。

　　不同于对街 HUSET 的北欧风家居品，HURRA! 试着将艺术结合生活。虽然店内空间也是大致分为商品区以及艺廊区，大量的插画艺术作品穿插在空间中，不知为何让空间多了一种跳跃感以及生命力。让整体空间多了一点艺术感，也多了一份新鲜。近看着插画时，更能让人少了在传统画廊之中的拘束感。或许也是因为这样，可以让人们更加贴近插画家的巧思跟意境。

　　在 HURRA! 引进的插画家作品中，其中一名 My Buemann 是我的最爱。简单、明了、干净画面中的张力，让人感受到城市人们的压抑、孤独感。而 My Buemann 用着逗趣的手法来舒压了这即将爆发的都会压力锅。

about Kin

从台北到洛杉矶，爱玩的习性不变，一有时间就往外跑。不停追求着拥有丰富色彩的事物。略懂设计，杂货，手工艺与艺术，目前正在努力将自己丢入艺术这个大池塘中。

除了插画类的展览外，HURRA! 同时也展示了线材艺术家的作品，就照片中的艺术品。一个三度空间，由纤细的线材一肩撑起。具有微淡颜色的的线材，在这纸板与纸板仅有的空间中相互交错着。让我一直屏息着观看他，深怕一个重一点的呼吸就把微妙的平衡给破坏掉。

而在商品区的中岛陈列桌上，更有着一大区的可爱的陶瓷杂货。这款商品名为 Ghost，但不是可怕的鬼魂之意。这系列商品取经于日本神话，日本人相信万物皆有灵魂，而这概念深深吸引着设计师 Louise Gaarmann 以及 Anders Arhøj。于是他们以陶瓷的方式将心中的万物之灵呈现出来。这些 Ghost 是散落在店内的各个角落之中。而引我进入 HURRA! 的也是这个可爱的 Ghost 呢。

1 可置于脚踏车头前方的铁制置物篮。
2 可任意变化的挂衣架。
3 隔开商品区与艺廊区的中央陈列架，
　有着许多有趣包装的设计书籍。
4 展览空间。

网址：www.hurra-hurra.com

5 盯着街道上人来人往的 Ghost。
6 位于商品区的设计工艺杂货。
7 包款服饰区。

HURRA! 所引进的商品从服饰、编织品到文具小物等，种类繁多。但因为空间配置得宜，以及特有的开阔感，不会感到拥挤，反而更能让人在店内流连忘返。

喜欢 HURRA! 吗？是否已觉得以后没有机会再看到他的实体店铺了呢？别担心，这次的 POP UP 店铺，只是 HURRA! 的一个期限性的实验计划。可以说有着试水的感觉，之后 HURRA! 会在找寻更适合的地点，开启他们真正的实体店铺，带给大家更多来自于丹麦的惊喜！

坐落于日落大道上的
复古设计店家
Reform School

文字・摄影 by Kin

逛完了位于 Abbot Kinnot Blvd 的北欧风店家，现在就让我们将脚步转向洛杉矶的另一个知名景点——Sunset Blvd，日落大道。因为充斥着次文化元素，自古以来，Sunset Blvd 就是各大电影场景的热门选项。在街上行走时也不难看到占据着一整个大墙面的涂鸦，以及许多穿着嘻哈，嬉皮，甚或是朋克的年轻人们穿梭在各家小店中。在 Sunset Blvd 的其中一小段路上，更是有着许多复古的、新创的咖啡厅，设计服饰店，以及生活杂货店等。Reform School 即为其中一家极具特色的杂货设计店家。

1 Reform School 的入口处。门前所摆设的 YES 标示牌好像在跟路上行人暗示一样。
2 Reform School 的标示牌。
3 4 5 安静地占据在店内一角的柜子以及桌子们。
6 进行到一半的编织手环以及手环编织器。逗趣的是，旁边搭配的商品竟然是剪刀。

在店外观看时，看到店内装饰以木头为主，还以为 Reform School 的商品应该是二手商品居多，顿时还有点犹豫是否要进入店内，但因为实在是压不下好奇心。我还是推开了大门。果然，进来是对的。店内的摆设实在太有趣，一下子就启动了我的挖宝开关啊！

身为家具爱好者的我，尤其是柜子跟椅子更是我的最爱。一进到店内，就看到大量的复古柜子沿着墙壁的四周扩散着。而在店中央的桌子，以特有的存在感吸引着我的目光。每一个柜子跟桌子都并非只是老实的作为商品的陈列架，而是以一种充满着故事性的方式，安静地占据在自己的位置上。让店内的生活感大大增加。也让你对店内商品感到无比的兴趣。

Reform School 的陈列能力相当厉害。当你仔细地把玩着小杂物时，就会发现到附近会有一些未完成的小物，让你会非常手痒的想要将它完成。就这样，她们安插了许多不同的小惊喜在店内的各个角落，让顾客与商品，店家产生互动。

当你抬头时，才会发现到大家都在观察着桌上摆设的小机关。明明就是一间非常安静的店，但却有着上千百种的对话在交谈着的感觉一样。对我来说是非常新鲜的一种逛街体验。

来到了纯正的美国杂货店，里面绝对会有一样商品是不可或缺的，那就是"万用卡片"！万用卡片可说是每一家杂货店里都会有的商品。当然除了卡片公司所设计的卡片之外，另一个来源即是设计师、插画家所自制的手工卡片。就像之前在 Unique LA Market 中所介绍的卡片设计一样，有些卡片的标语也是相当有趣。除了每家必备的卡片区之外，还有着工艺感十足的家居饰品杂货、木制家具等，也是占据了店内的一大块地区。而散落在各个桌上的书籍们，也因为摆设的太过莫名，也让我手痒的一再翻阅。

1 由数十个抽屉锁组合而成的柜子。不但适合拿来作为展示，更说明了卡片所拥有的纪念性质。
2 整面的卡片墙。
3 桌上的一小角卡片区。
4 非常莫名的，具有冲突性的陈列。

就在我已经觉得挖宝挖到心满意足时，再往店的内部钻去，恩！我想我今天应该是离不开这家店了，因为在店内底部的是加州鲜少出现的无印良品风格服饰！

虽然只是小小一部分，但已足够让我为之疯狂啊！结果我还真的在 Reform School 里待了将近两个小时！我想是破了我自己的记录了！但是，各位同志们！寻宝尚未结束！因为这家店实在太令人向往了，所以我一回到家，马上就搜寻他们的网站。不得不说，网站做得实在也是很好啊！从实体店铺到在线店铺，都充满着浓浓的故事感。让人好像掉入回忆漩涡一般，久久无法忘怀。

Reform School 看来不止重新定义了学校，也让我对美式杂货店重新定义了一遍。

1 工艺家所精心制作的手工家具。
2 难得看到自然朴素风格的服饰，以及相当适合层架的小版插画。
3 我想它应该是瑞士小刀。
4 这个多棱角的眼镜可说是我的最爱！

DATE

地址：3902 Sunset Blvd., Los Angeles, CA 90029
网址：www.reformschoolrules.com
营业时间：Monday – Friday 11：00 ~ 19：00
aturday – Sunday 10：00 ~ 19：00

纽约之大城小店

Greenwich Letterpress

文字·摄影 by Cavi

一棵棵青葱的大树种在马路两旁，阳光将树叶影子洒落在路人身上。
平日急速的步伐也悠然放慢，心情变得平静，在此的时间彷佛被调慢了。这是位
于 Manhattan 西部的 Greenwich Village 是我在纽约最喜欢的小区之一。这个"很
不纽约"的纽约小区。

每次来到 Greenwich Village，总会在一家文具杂货小店"Greenwich
Letterpress"静静地逗留一阵子。店内员工不多，他们都在旁边的印刷室工作，
所以我可以一个人自在地仔细的欣赏每件产品。

虽说是一件很悠闲写意的事情，但是其实每次也会感到不好意思。因为大多时间，
我都只是用眼睛在购物哦！

1

1 "在 Google 搜寻，你是不会产生任何结果的。"设计幽默的卡片。
2 除了客制作品，店内也贩卖各式心意卡。
3 各式邀请函设计样本，提供客人挑选。
4 "Greenwich Letterpress"，到纽约立逛的爱店之一。

Letterpress（活版印刷）

活版印刷，在中国是一门拥有悠久历史的印刷技术。而我的理解是，Letter＝书信、纸品，Press＝按压力。那就是说以按压方式，把凸版的图案印在纸品上的一种印刷技术。可是，我对历史并没有太多了解，所以只好以这个最简单直接的解说来认识它。

历史悠久的 Letterpress 技术没有被五光十色的纽约市淘汰。相反，很多人都喜欢以这个方式来量身订制各种独一无二的邀请贺卡。在纽约，繁复的印刷过程绝不是一种过时的技术，而制造出来的印刷品更是一份既可贵又传意的礼物。这也就是"Greenwich Letterpress"其中一个希望向客人传达的意念。两位店主 Amy 和 Beth 都希望给予客人最好质量和有意思的作品。所以在制作过程中，她们不但坚持只以 Letterpress 来印刷所有的出版品，还只选用再生纸和风力发电等再生能源，以行动把这份对地球特别的心意传递给每位客人。

小店中木墙上的一角，贴满了一张张邀请函的设计样本。客人可以静静地坐在高凳上，细心翻阅、挑选，然后直接与设计师讨论和订制个人化的 letterpress 产品。我并没有特别要订制的贺卡，但是作品精致的程度和用心的设计却令我爱不释手。我就像畅游在设计的书籍里，很多有趣的灵感瞬间涌现；又像是置身于每张贺卡的故事中，真挚感受一份份不同的喜悦。

除了客制化纸品服务，店内还有零售多款不同用途的心意卡。设计风格十分幽默，也有些以大胆、不留余地地说残酷的实话作为创作点子。这么诚实的设计往往令人哭笑不得。

虽然这里的心意卡并没有内建音乐播放功能及花俏的加工衬托，但凭着率直和单纯的设计就已足够唤起消费者内心的共鸣、触动人心。所以我很喜欢它们简单幽默的设计风格，可会是份"别有用心"的伴手礼啊！

没有时限的心意

除了时节贺卡，这里还有很多其他用途的卡款可以选择。例如在平常日子里，也可以送心意卡给别人，随心就好了！寄送贺卡不只是在节日时的问候，在卡片上写几句温暖的话语，然后填上签名和日期来完成整个动作。这就是个表达关怀的举动。"心意"并没有时间限制，如果你有一大堆美丽而又用不着的心意卡，不妨现在就写一句："你好吗？没什么，只想问候一下。"然后送给家人或朋友吧！相信这份小小的心意，能为他们的生活添上一份既窝心又温暖的喜悦。店里贩卖的卡片每张售价约是 4 至 6 美元，虽说不便宜，但是若以"一杯咖啡的价钱"给予朋友或家人一份惊喜的话，那绝对是 Sweet Deal 啊！

1 水果形状的便利贴。

2 3 百买不厌的笔记簿。

4 5 店内也有售卖其他文具逸品，风格也是简约幽默。

说不出口的话，便写下来吧！

小时候，在母亲节和父亲节里，亲手制作心意卡必定是每位小朋友的指定动作。然而，当时的我们又是否明白背后的真正意义呢？所以最后我决定要大手砸下5美元，买了一张生日卡，写了些心话来送给妈妈。现在对我来说，心意卡是个让人与人互相了解的工具，用来传达平日开不了口的话语！

about cavi

大学主修广告设计，因此满脑子都挤满了奇怪的点子。然而，我知道自己并没有爱上广告，却迷恋上设计。
毕业后成为了平面设计师，但不甘每天只困在冰冷的办公室内度日如年，于是一年后在香港长大的我选择了离开，一个人去纽约生活。
作梦和吃东西是我人生中最快乐的事。有点儿懒惰，不善于写作，更不热衷摄影，一心只想简单真实的与别人分享快乐。喜欢旅行，却不想做游客。希望以生活的方式去漫游世界。

部落格：cavichan.com
作品：《Live Laugh Love：漫·乐·纽约》
脸书专页：facebook.com/cavichan
Instgram：cavi_chan

下次去邮局买文具——
日本邮局限定文具
"POSTA COLLECT"

Stationery News & Shop

08

文字·摄影 by Denya

文具店一定买得到文具，就很像是水果店一定买的到水果的定律一样，毋庸置疑。
不过在文具大国的日本，邮局也可以买到文具，而且还推出只有在邮局才买得到的
系列文具，不难看出日本对文具的执着和热情。

日本邮局在2009年推出"Posta Collect"这个专属于邮局的文具品牌，主要的宗旨
是"心动"，无论是交寄邮件的人，或是透过邮件交流沟通的人之间，能够有这样
的感动，而设计的系列商品。开发的主要核心要素是"便利""精美""愉悦"从
后来推出的各项商品中，不难发现这三大要素，真的环绕在所有的商品中。

"POSTA COLLECT"主要以日本的代表色：白与红来做整体的开发，并且以高辨
识度的红色邮筒，衍生出一系列让人爱不释手的实用文具。

说到邮局，代表物当然是明信片和便签信封组，"POSTA COLLECT"主要推出两款明信片，一款是红色邮筒，一款是地方特色。红色邮筒款又分为单纯印上不同邮局分局名称的邮局名称版和季节时令版，季节版是限量的，过了这一季没入手，就只能扼腕，下回请早了。而地方特色版，更是收藏家的心头好，每一个地区都有专属自己的特色明信片，让人在旅游的同时，透过这样的明信片，可以留下更多美丽的回忆。

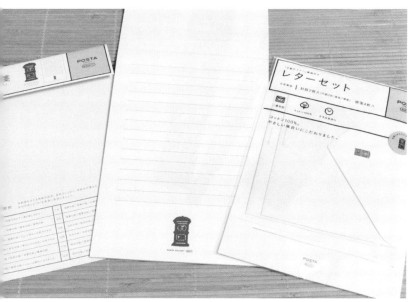

而信封和便签组，设计非常地清爽，只有红色邮筒的插图，但是最特别的地方是，包装背后有教大家如何写信才是正统的写法，和一些季节问候语的用法，相当贴心，也不愧是邮局出品的文具，连寓教于乐的细节，都设想周到。

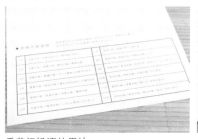

季节问候语的用法。

当然有了纸制品，笔也是在寄件过程中不可或缺的重要道具。"POSTA COLLECT"并没有推出一般书写用的笔具，但是过去曾经推出写包裹用的油性签字笔，从极细到粗字都具备，而且还是委托大品牌 PILOT 所制造的，质量当然不在话下，重点还是放在红色邮筒的外型，超级吸睛又可爱，也是一推出就抢购一空的周边产品。我是一点都舍不得打开来使用，光看心情就好啊！

纸笔都兼具了，黏贴工具自然不可少，我最早购入的"POSTA COLLECT"就是邮筒口红胶。放在办公桌上，就像是一个 MINI 版的小邮筒，非常治愈，就算不用口红胶，光是放在桌上当装饰品，也很吸引人。后来推出的双面豆豆胶，一改邮筒造型，改用邮务车的图案，俏皮又具有意义，还把平常的使用长度改成行走距离来标示，非常有创意。而这款豆豆胶也是委托文具大品牌 KOKUYO 的 DOTLINER 客制版，只可惜是不能替换的设计，用完就要丢掉了，有点令人失望呢！

about Denya

人生无文具不欢，喜欢活版印刷的手感，
热爱限量版的独特，喜欢老派经典的质感，
欣赏创意无限的惊喜！
典雅文具铺 Denya.SW
http://www.denya-sw.tw

当然，最爱推出限定商品的日本，也没错过东京中央邮便局在丸之内的重新开幕，顺势推出了只有这里有的限定商品，从明信片到纸胶带应有尽有，可惜办事不力的我，只入手了纸胶带一卷，上面的图案是东京车站的建筑图案，非常有纪念价值，但其他更具意义的周边，都没有买到。不过，"POSTA COLLECT" 陆续又推出了一系列的限定商品，以后有机会去丸之内，一定不会错过的。

看着 "POSTA COLLECT" 的推出，一方面赞叹日本人的巧思，另一方面也佩服日本人对每一件事物的执着和用心。

世界上能够在邮局购入文具的国家，其实不少。美国的邮局除了可以买到一般使用的包裹箱外，大一点分局还可以买到一些包装的周边产品。而 MOOMIN 的出生地芬兰，在邮局里甚至还可以买到有 MOOMIN 样式的包裹箱，在在将国家的艺术特色，和生活结合在一起。下一次大家有机会出国时，不妨试试看文具店以外的地方，绕道当地的邮局里，寄张明信片给自己，也不忘观察看看有没有邮局限定的文具用品喔！

不过西班牙邮局没有文具就是了，上次有机会去西班牙一游，硬是要求导游告诉我哪里有邮局，特别在自由活动时间一访，没想到漂亮的黑黄号角 Logo 的西班牙邮局，就是没有推出文具，真是令我好生失望啊……不知道台湾的邮局什么时候也能推出邮局限定的文具系列呢？

同场加映

Iwako 红色邮筒橡皮擦，是日本朋友送我的小礼物，虽然不是 POSTA COLLECT 推出的周边，但是一样超级可爱。Iwako 最出名的产品就是造型橡皮擦了，每个款式都惟妙惟肖，细节都很到位。台湾也买得到 Iwako 的造型橡皮擦，不过有没有这个邮筒就不一定了。

"POSTA COLLECT" 官方网站：
http://www.postacollect.com/index.html

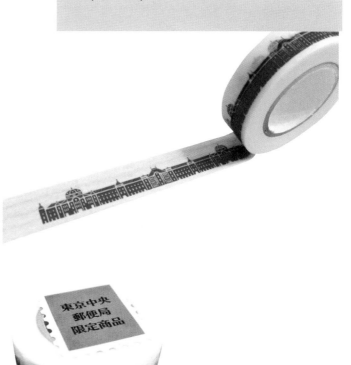

预约简单却又不失甜美的一年
amifa 2015 手帐本介绍

文字·摄影 by 潘幸仑

春去秋来，转眼间又来到年底时刻。总是在每年十月开始思索新年度的手帐本时，感受到时光飞逝之快速。

一百元日币、折合人民币约 6 元的 Amifa 手帐本，延续去年的格式，手帐本同时附赠一本笔记本。封面的多样性让人一时之间真不知道该选谁好。

但也正因为价格便宜，所以可以很放心地一口气买好几本，一本作为工作用手帐、专门记录工作事项；一本为学习手帐、仔细记下进修时间；一本为健康手帐，作为每日的体重记录本……手帐内页单纯，没有任何装饰图案，可以尽情书写。

也许这样的手帐本，没有耀眼的插画，也没有缤纷的贴纸，更没有丰富的旅行票根，但是很贴近自己日常生活的模样。只要持续不间断地记录，某天回头翻阅的时候，一样会被自己感动。

文字的力量，不就是这样日积月累而来的吗？一笔一划，一天一夜，虽然缓慢，但都有在持续进行，这样的感觉竟是如此充实。

一直相信手帐除了有实质的功能，提醒自己不要忘记代办事项以外，也有励志的功能。每次写下新年愿望或新年新计划时，都像是某种特地的治愈仪式。是否能够实践愿望已是其次，重点是那份"相信自己会变更好"的诚心。

点点是万年不败的款式，白底水玉和黑底水玉，各有各的特色。

无论是浪漫风的花朵的花环还是简单大方的花朵，都相当讨喜。

照片拼贴风格的手帐本，拼出甜美的味道。

杂货迷的最爱，票根与邮票拼贴风的手帐本。

仿笔记本的设计，盖上巴黎的邮戳，搭配低调
的粉色与绿色，是专属于大人的可爱。

A6 尺寸的手帐本均有再附一本笔记本。

Aimez le style 新品介绍

Aimez le style 的最新力作 paper book，也就是
包装纸本，传统的包装纸总是卷成筒状，但若是做
成笔记本的格式，也就比较方便收纳了。内附信封
型版，可以制作手感信封，也可以用在包装礼物或
书衣。

可爱的标签贴纸，可以
运用在笔记本或信封封
面上。

北欧简约设计风
韩国品牌 Dailylike

文字·摄影 by 海儿毛

我是循序渐进地爱上纸胶带的，很多年前就开始收集，不算是专家的我，偏好特殊图案的设计，简单的线条拼凑更让我着迷。在这一堆日系品牌当中，韩国品牌 Dailylike 让我眼睛一亮，超长草的情境示范图，往往让我抵挡不住。Dailylike 的设计不同于日系的浪漫风格，它是以简约线条跟鲜明色调来搭配，时而充满童趣，时而北欧风的疗愈设计，让人一眼就爱上。

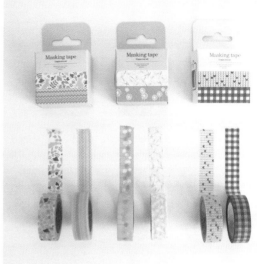

Dailylike 在风格跟系列上很多元，它们拥有自己的设计师团队专门设计布料图腾，所以布胶带可以说是他们的特色，它们标榜为 DIY 材料专业的设计品牌，所以推出了纸胶带、贴纸、礼品包装周边、文具类商品等，更夸张的连派对系列也有，我想已经把"Daily like"这句话的意义发挥到极致，用各种创意让生活充满手作乐趣。

　　大家都以为布胶带一定要用剪刀剪，可是 Dailylike 为了方便使用者，只要用手就可以轻松撕取，是不是很方便啊！不透明的布料材质，更可以贴在透明玻璃上，黏性很强，但却不残胶，让原本鲜明的颜色在玻璃制品上更显色。

　　布胶带以外，让我惊喜的是这个 A4 布柄贴纸，有写手帐习惯的我，会买一些素面的记事本，为了怕看久了无趣，也会用贴纸黏贴手帐封面，简单好用，一张刚好贴一本，让每换一本小手帐就换一次封面，每次的手帐本都像新的一样，花色是一贯北欧风格，几何图形配色可爱颜色，在朋友当中你的手帐本将会是最可爱的一本，一包有三张不同图案设计，方便混搭使用。

当然除了纸胶带，还有派对系列商品，让你在妆点生日派对或是节庆活动现场，都能让气氛加分许多，欧美最爱用的纸吸管，有各种颜色搭配，连简单的吸管都可以很活泼，这系列完全掳获我心！

市售纸杯一般都很素，Dailylike 设计出这几款超美的纸杯，材质超厚，装了饮料不怕它变软，让客人享受饮料的同时也赞叹纸杯的美啊！除了拿来喝饮料，还可以当笔筒，就算种植多肉植物也很适合，谁叫纸杯那么美呢！

现在人很重视饮食生活，除了吃的好，在配件上也要美美的，这一组线条手绘风的纸餐垫跟餐巾纸，不抢走食物的美感，像个小帮手似的搭配，清新设计让一整天心情都好好，就是要有点小巧思，才能让生活美好。

买了礼物却还要伤脑筋如何包装是我们常有的烦恼，但是 Dailylike 贴心的帮你把这两样设计合并在一起，有了盒子的同时也拥有了美美的花色，每一款都好美，送礼物给朋友时面子里子都做到，再贴上纸胶带，书写给朋友祝福的话，我想收到的人一定很开心。

about 海儿毛

喜欢天马行空的设计，喜欢手作、拍照、喜欢不一样的生活态度。
自创品牌"hair·mo"来点创意，来点小巧思，希望商品带给人可爱温暖以及开心的氛围。

除了礼盒还有包装袋系列，包装除了图案本身外，还可以加上自己的一点创意，配上自己手绘的插图，剪下国外的报纸来搭配，我觉得都会让包装更加分。

纸胶带的运用也可以在包装上，把自己喜欢的胶带做些许的变化，就跟市面上的包装袋不同，又有特色，收到的人都会感受到满满的心意。

写手帐时最喜欢东贴西贴增加本本的美感，Dailylike有许多贴纸组，每一款都好美，女孩们最喜欢花系列，因为充满了浪漫感。贴纸组已贴心裁好各种形状，让你在使用上更方便，撕下来就可使用，可以当分页贴、备注、注意事项等装饰，从此不会再错过任何重要的讯息啦！

每天最快乐的时候就是跟本子还有纸胶带相处，剪剪贴贴装饰着手帐本好开心，这属于自己的小天地装着自己的秘密，随时都能回忆生活点点滴滴，自己的小确幸自己创造，我想这就是动手做快乐的地方吧，每一个人都是唯一的设计师，来创造自己的风格吧！

我的必杀绝技，把纸胶带拿来装饰拍立得相片，让每张照片都有了不同生命。

漂流本创作爆肝甘苦谈！

大人的交换日记

下篇

漂流本听起来如此诱人，有兴趣一起玩儿的朋友，且听柑仔、柠檬、吉、Peggy和橘枳的漫天乱聊，了解漂流本进行时的快乐喜悦，时间临到时的惊险万分，灵感又该从何而来？种种漂流本书写秘辛与甘苦，打破沙锅问到底，说给你听！

peggy

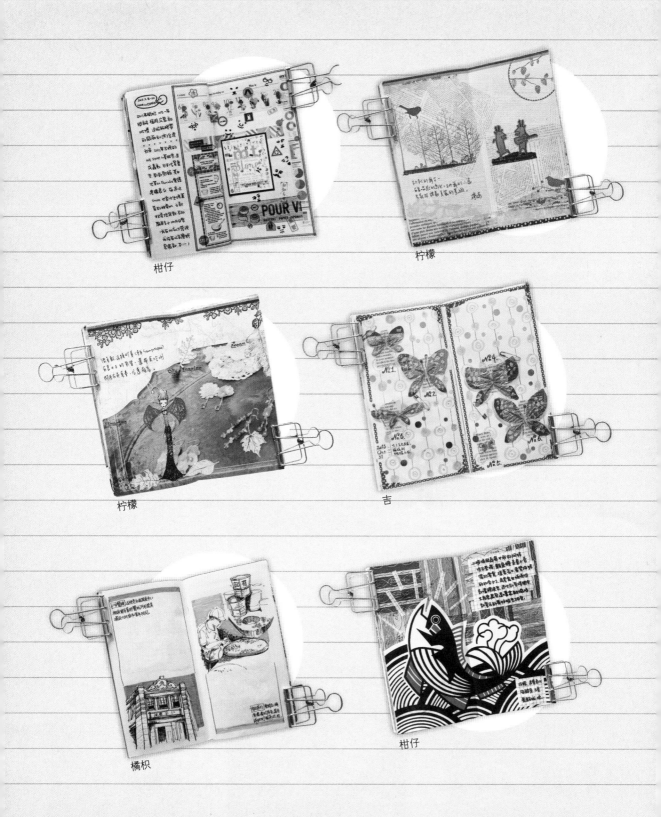

柑仔

柠檬

柠檬

吉

橘枳

柑仔

文字・摄影 by 柑仔　创作 by Peggy・吉・柑仔・柠檬・橘枳

没参加漂流本活动前，知道什么是漂流本吗?

【柑仔】

虽然知道漂流本这个活动，但该如何进行？主题内容该做些什么？举目望去是一片迷惘，只是肩负要跟大家说明的重责大任，在找团员前是死命缠着 Karen 问东问西。所以当知道漂流本如此自由奔放，一则以喜，一则以忧，喜的是可以自由发挥，忧的是怕自己灵感匮乏。幸好每次拿到本子就会有怪点子蹦出来，还有欲罢不能的感觉。

【柠檬】

完全不知道！最可怕的是居然没有主题，殊不知没有主题就是最困难的主题。当初召集人柑仔说只要五页而已，一点也不多，就当作五张卡片啊。心里想应该是还好，不就五张卡片，好像难度也还好吧！完全没有想到日后会挑灯夜战（泣）。

【吉】

知道！之前有听朋友在玩，本来也想找几个朋友自己来玩玩看，但想着想着嫌麻烦就算了，还好这次有参加，好好玩！什么时候要继续下一次的？（兴奋）

漂流本有各种形式，这种随意发挥的很好玩，另一种拟定主题的也很好玩！大家可以出尽各种怪招整同伴！比如说请收集五天份的毛，并且拼贴成 blabla 主题之类的……

【Peggy】

不知道耶！第一个直觉是"跟漂流木有关吗？"而且听起来有种流浪他乡，居无定所的感觉，好可怜！

【橘枳】

知道也曾经想找朋友玩，人数比较少就两三个人，一切随兴的结果就是不了了之。这次收到邀约想说终于有机会玩了，傻傻地马上答应，没想到认真玩起来这么惊人！

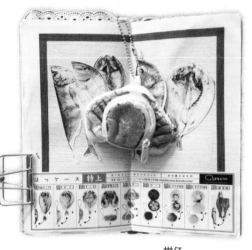

柑仔

吉　　　　柑仔

柠檬

橘枳

柠檬

橘枳

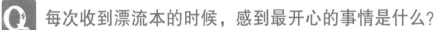

 每次收到漂流本的时候，感到最开心的事情是什么？

A

【柑仔】

看漂友们的作品总是要不时扶着下巴，这组人实在很可怕，每个人的风格都好不一样。Peggy 复古美丽，各种配件搭配之下，每一个跨页里都是一个故事；柠檬清爽动人，干净简约或美丽繁复都是风景；橘枳的画工精致没话说，可每次都还是能变出让人耳目一新的搭配；吉则是超级不受控制，每次的风格多变，让人想都想不到。因为太过期待，每次收到漂流本都无法慢慢拆，不知道撕破了几个信封，哈哈。

【Peggy】

当然就是看大家又玩了什么花样啊！我记得收到第三个飘流本时，我们全家正要去吃火锅，拆开的时候碰出一个奇怪的螃蟹小钱包，然后封面还是碎纸拼成的外加一圈蕾丝，我在火锅店里一面看内容一面全身颤抖，还伴随着无法克制的"嘻嘻！哈哈！……"声，搞得我们全家人都凑过来看，之后，连我老公都会问：这个月的到了没？

【吉】

当然是看到大家的东西最开心啦，每一次都有认真看内容，忍不住会想象大家在做漂流本时是什么样子，看到好笑的就会大笑出声，常常吓到猫啊，然后就会发现大家在做的时候是有赶工还是很悠哉。

【柠檬】

最开心的莫过于可以看到大家的创意，尤其是柑仔找的其他几位漂友，个个才华洋溢，每每翻开都有好多不同的悸动。Peggy 的页面总让我版面和颜色有更多层次的认识；橘枳的画工优异自然不在话下，偶尔神来一笔的颜色或是纸胶带更让我惊艳不已；吉的风格则是让我永远猜不透，从复古、幽默、猎奇等等都能诠释得恰如其分；至于柑仔，我只能说每翻一页，嘴角一定跟着上扬十度，最后都笑到合不拢嘴了。

【橘枳】

拆开包裹的惊喜，让我每回收到都是小心翼翼地拆开，边拆边期待这次的内容，还有本子厚度和重量又增加了多少，包装的袋子一次比一次大，有一种看着孩子越长越大的感觉。制作负责页面前又会多翻好几次，每次翻阅除了大笑外还会觉得："这些家伙到底在想什么啊，太有趣了！"

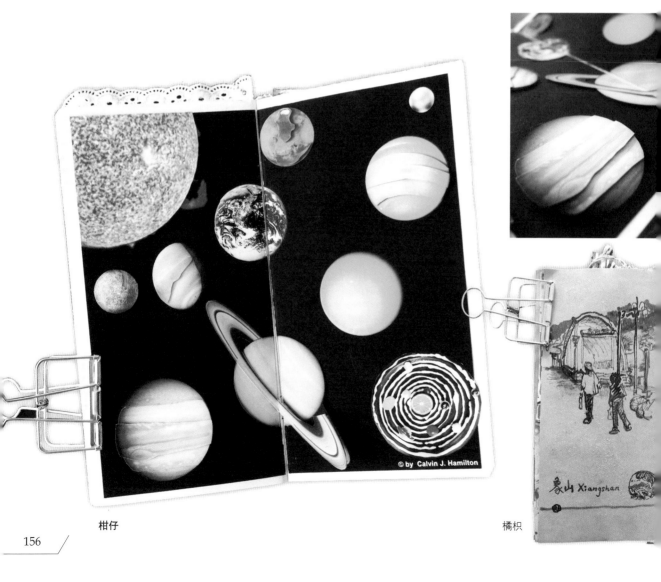

柑仔　　　　　　　　　　　　　　　　　　　　　　　橘枳

Peggy

柑仔

 每回收到漂流本的时候，感到最担心的事情是什么？

【柑仔】

最害怕的就是预定寄出的日子，在漂流本漂流的期间，一来是因为一开始列的时程很短，制作的时间有点不够，加上我的劣根性在那时候表露无遗，好几回都是临到头的前几天，才开始拼了老命地做，回想起那些熬到凌晨四五点的夜晚，漂流本上斑斑的都是我的肝留下的痕迹！

【柠檬】

最担心的还是时间。鲜少用手帐记录生活的我，要这样拼贴实在有好大的难度，每次总得想破头才能挤出更多的创意。而通常一边想一边担心，时间就来到截止日，然后才又开始开夜车，挑灯夜战。想起那些日子，不但是对肝的凌虐也是对大脑的重度伤害啊！

【吉】

其实没什么担心的情绪，反正做不完就是熬夜拼完啊哈哈（摊手），不想拼贴就画画；想拼贴就拿材料盒出来比对啰！想一想，还真的没什么担心的，虽然总是也跟着哀嚎，但就只是想嚎个两声，该交出去的时候是一定会完成的，这种算是兴趣也是好玩的事情，熬夜也不会觉得累，虽然跟工作总是挤在一起。

【Peggy】

应该说，还没收到之前就开始担心了，担心这次柑仔究竟给我留了几天做本本！我不太烦恼要做什么东西，因为都是拿当时的生活记录来发挥，我只担心时间不够，因为有工作有家庭要顾，我又不喜欢迟交，所以前几次都是在半夜赶工的，最辉煌的记录是三个晚上赶十页！然后眼睛就坏掉了！原本已经很久不熬夜的我，到现在生物钟都还调不过来……

【橘枳】

要说担心，我有一种奇妙的情绪起伏，收到的时候没有特别担心什么，是兴奋加期待；随着预计寄出时间逼近才渐渐开始担心；实际制作的时候不会担心，总之认真画就对了；接着寄出当天又开始担心能不能赶得上；终于寄出后开始期待下一次收件。就这样来来回回几次……

漂流本的灵感都是从哪儿来的？

【柑仔】

虽然我常常在预定寄出前的半夜才卯起劲做本子，但其实拿到本子的那天起不管看到什么有趣的东西，都会想塞进漂流本里，像 OYAJI 搭配 HELLO KITTY 这系列，一开始是因为柠檬是 KITTY 粉丝，而柑仔本人是女汉子，所以想恶搞一下 HELLO KITTY，搭配起来的恶搞感还蛮欢乐的，自己做完也笑呵呵。而收了那么多次的 mt 展，总有几次是特别具有意义的，把 mt ex 展海报缩小在 TN 本上，也算是对得起自己的 mt 收藏。现在如果丢给我一本空白本，我可能也还是得到寄出前几天的半夜才会冒出灵感吧（汗）！

【柠檬】

灵感偶尔来自于日常逛的网页或是生活中的琐事，或者是日前手作经验的累积，但我想最重要的灵感来自于截止日的到来。截止日迫在眉睫时，大脑会驱动手指，快马加鞭完成作品，这比其他见鬼的灵感都有用……

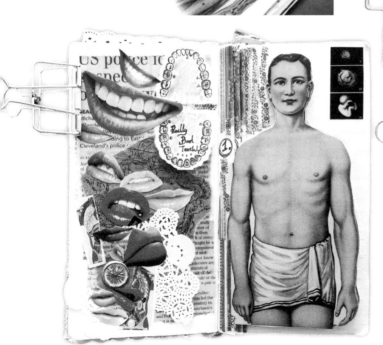

吉

【吉】

有时候会自己给自己定规则，今天出门拿到这几张 DM，就只能用这几张 DM 拼贴，然后只可以用两卷纸胶带做装饰，其他可以用手绘补足，这样也好玩，有时候拿到的东西觉得会想到某首歌或是两句诗，就一起写上去了。与其说是记录生活，比较像是捕捉灵感或是片段吧，随意创作画面。有时会看对象，比如说这本最后会到柑仔手上，同为人体器官爱好者，当然是给他大大地来一具人体在里面啰！有时候会想玩玩看可以怎么做，像是层叠的花，想试试看这样的层次，或是圈 DM 文字的前缀拼成一首诗之类的。

【Peggy】

基本上我是拿本本当生活记录的，照片通常是主角，所以这次我决定将漂流本当小型相编作品来制作，没相片时就当卡片来做，网络上的作品、明信片、海报，甚至是我自己教卡片课时示范的纸片，上美编课时做的小卡，都会给我设计的灵感。

【橘枳】

我平时有绘图记录生活的习惯，刚好那段间参加了一连串的导览活动，台北市十二个行政区各取几个点走了一遭，真要记录得花好一阵子，加上自己怠惰，又不知何时能完成。借由这次漂流本活动，也尝试不一样的画法组合画面，画了一圈台北，十二区篇幅不一，虽然未必能作为代表，但觉得挺有意思的。

柠檬

柠檬

柑仔

橘枳

Peggy

橘枳

柠檬

Peggy

 制作一次（五个跨页）的漂流本大概需要花多少时间？

【柑仔】

虽然五个跨页听起来不多，但从想好了到动手开始做，慢手柑仔要花上好几个晚上才能完成，回想起来好像有看到几次日出……

【柠檬】

构思的时间通常会是拿到本子那一刻起，大脑就不停运转，不过真的实际动手完成，通常是在截止日前几个夜晚（然后会在电脑屏幕前互相问大家进度，借以让自己放心）。

【吉】

完全没有一定（噗），想创作的时候不到一个晚上就全部弄完，没想法放三天也做不出一页啊！

【Peggy】

大概一个礼拜吧！后来做得顺手后，真正动手制作的时间大概三天左右。

【橘枳】

不一定，有时候画画停停，有时候一口气画完，通常是因为截止日到了，赶在邮局铁门拉下前几分钟完成。

 **推荐一下这次漂流本里最得意的作品吧！**

【柑仔】

在某一回漂流本漂到手上时，一直喜欢怪东西的我，刚好去扭蛋机扭了妄想工作室设计，一款鱼虾蟹拟实外表加上打开是内脏的怪怪海鲜零钱包，于是就把那个跨页设计成木托盘，把立体零钱包摆上了木托盘，假装成海鲜摊。据说 Peggy 收到的时候正在吃火锅，逗得他们一家子笑呵呵。另外 OYAJI 搭配复古女郎裙子飞超高的画面，跟 OYAJI 跟 KITTY 可以把衣服拔起来彼此变装的那个跨页我也挺喜欢的！

【柠檬】

最喜欢的应该是最后轮到的一本，也是某一本的最后一页。找了许多历年来手作的碎纸头，可能是水彩染的，可能是亚克力刷的，也有可能是酒精性颜料等等，将其裁成等宽的长条状，按着彩虹的色阶排列，再用字母打孔机打出 LEMON 和 ART，觉得这是最可以代表自己历程的作品，所以好喜欢。另外有一页时钟人的，带着点小小诡异，也好尬艺！

【吉】

每一页都很喜欢！不喜欢就不会交出去了。

【Peggy】

画材纸和牛皮纸这两本应该是我最喜欢的。虽然 TN 的画材纸根本不适合画画，但是因为有厚度，我还是可以在上面挥洒自己喜欢的颜料，这本除了拍天空的那一个跨页不甚满意外，其他的自己都还算满意。收到牛皮纸本那几周，正巧活动比较多，也拍了不少好照片，所以做得很顺，其中最喜欢的应该是大挂钟的那个跨页，刚巧前些天小儿子跟我有一段关于死亡的有意思谈话，于是做出了这个页面，很喜欢！最后一本中，仰望雪人那个跨页我也还蛮喜欢的，嘻！

【橘枳】

都蛮喜欢的，每次尝试都有不一样的新发现。

柑仔

Peggy

Peggy

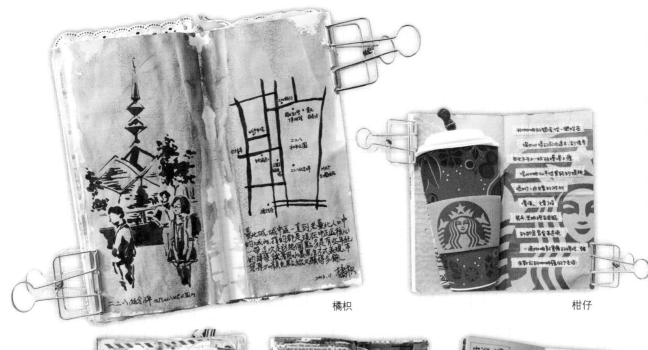

橘枳

柑仔

吉

吉

橘枳

 辛苦了这几个月之后，还想继续参加漂流本活动吗？

【柑仔】

要！（秒答）过程虽然辛苦，但是成品实在太惊人了！看到塞满精彩作品而膨胀的本子，心里怪有成就感的。

【柠檬】

想了五十秒，要！虽然过程好累好累，但是几位漂友的作品让我获得更多啊！

【吉】

要！这个实在好好玩，拜托找我找我！

【Peggy】

这个嘛，我先跟眼睛还有肝肾讨论一下……

【橘枳】

先让我天人交战一会儿，这活动真是让人又爱又恨，看到本子日渐茁壮，渐渐塞满各式想法的过程太有趣了。好吧，有机会的话我跟！

柠檬

柠檬

Peggy

吉

 想对这次漂流本活动的漂友们说些什么呢？

A

【柑仔】

谢谢 Karen 给我们一个开头，谢谢 Peggy、吉、橘枳、柠檬愿意一起参加，一起熬夜，一起激荡出好多创意的火花，好喜欢你们喔（顺便沾沾自喜自己真是很会找人）！

【柠檬】

谢谢 Karen 给我们这个机会，谢谢柑柑的居中安排（必须说，当初你找我真是吓坏我了，这个阵仗真的太让人吃惊），也谢谢 Peggy、橘枳和阿吉让我认识更多不同的创作，更感谢有你们一起熬夜的每个夜晚。

【吉】

谢谢你们不嫌弃我这么脱缰，可以跟你们在同一组本子里面创作，真的是一辈子都不会忘记的回忆！下次还要一起玩噢！

【Peggy】

你们实在是太强大，太有才，太会拖了！超爱你们的！英明的组长万岁！

【橘枳】

哈哈哈，虽然进行期间大家总是一遍哀嚎，但还是完成了（洒花），谢谢你们让我加入这个有趣的小组，太喜欢你们了！有机会再一起玩吧！

画画我的
水彩色铅笔

是水彩，也是色铅笔，但却比水彩更简单，比色铅笔更丰富，两种惊喜一次满足，这就是一碰就会不可自拔爱上的水彩色铅笔。

这一期克里斯多，又会跟大家分享什么温暖又富治愈感的画作呢？

about 克里斯多

商学出身，从没学过画画，不知是勇敢还是反骨，
也或许是被雷劈到忽然开窍，
半路出家，拿起水彩色铅笔画出一座"克里斯多插画森林"。

更多水彩色铅笔作品：www.crystalhung.tw
克里斯多个人著作《水彩色铅笔万用魔法书》

晒幸福

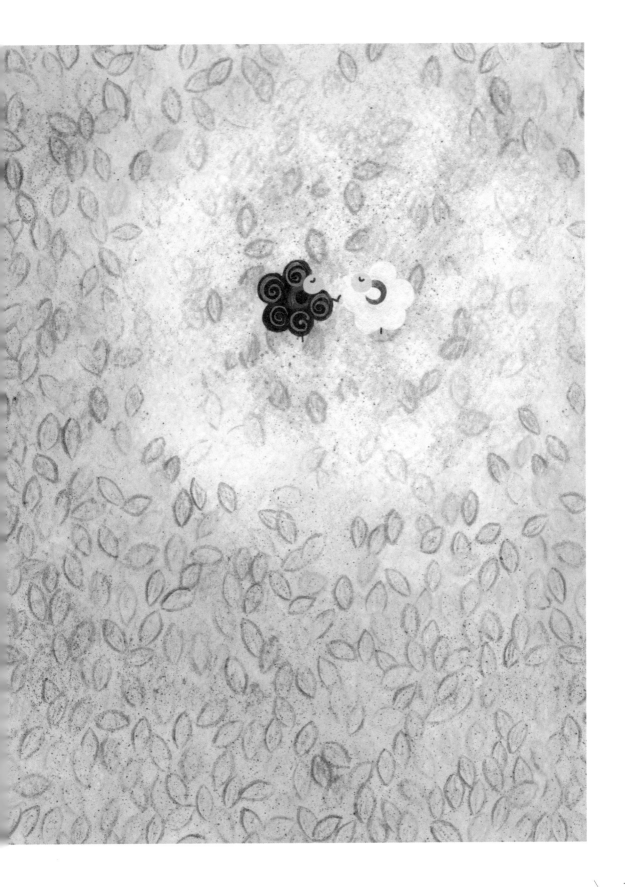

画叶子

01 先画好黑白羊。

02 水彩色铅笔不沾水直接画叶子，先画一圈黄及棕色叶子。

03 再向外画一圈黄和橄榄色叶子。

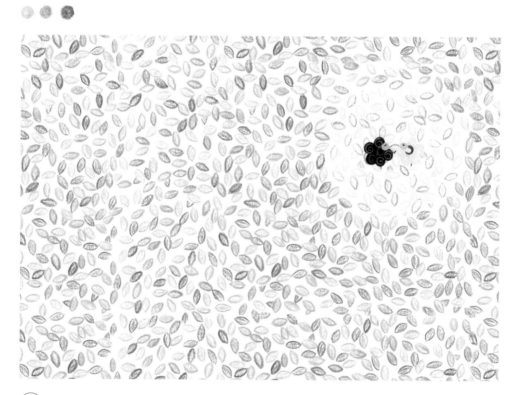

04 剩下的地方都铺满各种绿色的叶子。

加水晕染

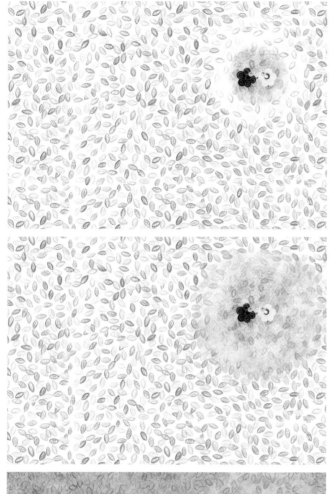

01 先晕染开最内圈的黄及棕色叶子。

02 再向外一圈，晕染开黄和橄榄色叶子。

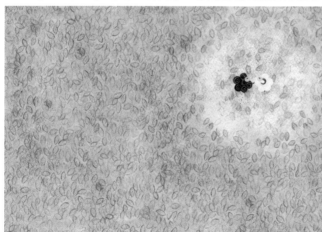

03 最后再向外晕染开剩下的绿色叶子。

全部晕染完，觉得颜色过浅或叶子过少时，可以再多画上叶子并晕染开，重复步骤直到你喜欢的样子。

铅笔打草稿

01 一朵大花。

02 旁边再长出两朵小花。

03 接着还有房子。

04 最后飞出两只美丽的蝴蝶。

铅笔草稿去除小 Tips

① 用写不出水的断水原子笔，在铅笔稿上再用力描绘一次，留下草稿的轮廓痕迹。

② 擦掉铅笔稿，纸上就会出现草稿的轮廓痕迹。

③ 上色。

点点画秘诀

01 选出同色系三只不同深浅的水彩色铅笔，沾水点画的顺序为中间色，深色，浅色。

02 直接将水彩色铅笔沾水。

03 不断点点点，点得越密，越看不见空白，就越漂亮唷！

点点花使用颜色

背景晕染技巧

(01) 房子上色后，最后用水笔向水彩色铅笔取色，开始晕染背景。

(02) 下面花的部分晕染上浅浅的粉红色。

(03) 天空左半边晕染上鹅黄色。

(04) 鹅黄色延伸到右半边的天空再晕染上天蓝色即完成。